# COLONIE

## HORTICOLE, AGRICOLE ET INDUSTRIELLE

### DU PETIT-QUEVILLY, PRÈS ROUEN.

# ASSEMBLÉE GÉNÉRALE

## DE LA SOCIÉTÉ DE PATRONAGE

ET

### DES FONDATEURS DE LA COLONIE DE PLACEMENT

#### POUR LES JEUNES DÉTENUS,

TENUE A ROUEN, LE 18 FÉVRIER 1845, DANS LA GRANDE SALLE DE L'HOTEL-DE-VILLE,

SOUS LA PRÉSIDENCE DE M. LE BARON DUPONT-DELPORTE,

Pair de France, Conseiller d'État, Préfet de la Seine-Inférieure,
Commandeur de la Légion-d'Honneur.

SE VEND 1 FRANC,

**Au Profit de la Colonie des Jeunes Détenus.**

1848

# COLONIE

## HORTICOLE, AGRICOLE ET INDUSTRIELLE

### DU PETIT-QUEVILLY, PRÈS ROUEN.

———

# ASSEMBLÉE GÉNÉRALE

## DE LA SOCIÉTÉ DE PATRONAGE

ET

### DES FONDATEURS DE LA COLONIE DE PLACEMENT

#### POUR LES JEUNES DÉTENUS,

TENUE A ROUEN, LE 18 FÉVRIER 1845, DANS LA GRANDE SALLE DE L'HOTEL-DE-VILLE,

SOUS LA PRÉSIDENCE DE M. LE BARON DUPONT-DELPORTE,

Pair de France, Conseiller d'Etat, Préfet de la Seine-Inférieure,
Commandeur de la Légion-d'Honneur.

---

## SOMMAIRE.

Lecture du résumé des travaux de la Société de Patronage depuis sa création jusqu'au 31 décembre 1844, par M. G<sup>me</sup> Lecointe, secrétaire-général et caissier de la Société.

Lecture d'un rapport sur la fondation, les résultats moraux et la position financière de la Colonie Horticole et Agricole, par M. G. Lecointe, directeur.

### Extrait du registre des procès-verbaux.

Dans l'assemblée générale du 18 février 1845, MM. les membres de la Société de Patronage pour les Jeunes Libérés et MM. les fondateurs de la Colonie Horticole pour les Jeunes

1

Détenus, réunis, ont voté à l'unanimité l'impression des deux rapports lus en séance par M. G. Lecointe, secrétaire-général de la Société et directeur gratuit de la Colonie.

Après la lecture de ces deux rapports, sur la proposition d'un membre du bureau, MM. les souscripteurs ont décidé que, pour combler le déficit éprouvé par la colonie de placement sur les dépenses *ordinaires* occasionnées par les colons, il serait prélevé une somme de 2,411 fr. 60 c. sur les 6,405 fr. 85 c. déposés chez M. Baudon, trésorier de la Société de Patronage, l'excédant devant être employé, comme par le passé, à venir au secours des enfants des deux sexes qui seront libérés tant dans la Colonie que dans les prisons de Rouen.

En vertu des articles 17, 27 et 29 du réglement, MM. les souscripteurs procèdent à la nomination de plusieurs membres. En conséquence:

M. Salveton, procureur-général, est nommé président honoraire ;

M. l'abbé Denize, chanoine de la Métropole, président du bureau ;

M. Chéron, conseiller à la Cour Royale, vice-président;

M. Henri Duhamel, vice-président honoraire et membre correspondant.

Ont été nommés membres adjoints au comité de placement, sur la proposition du bureau :

MM. Gambu-Delarue, présid. de la commission des prisons;
Boulard et Langlois d'Estaintot, membres de ladite commission ;
Abel de Bosmelet ;
Haulon ;
Delzeuzes, docteur-médecin ;
Thévenin, juge au Tribunal de Commerce ;
Albert Baudouin ;

MM. Belot ;

    Payen , agréé ;

    Lequesne , président de la Société d'Emulation ;

    Benjamin Durécu ;

    Germonière ;

    Lenormand , banquier.

Cette formalité terminée , M. le préfet baron Dupont-Delporte, dont le patronage est acquis à toutes les institutions philanthropiques, adresse, dans les termes les plus obligeants et les mieux sentis, au nom de tous les souscripteurs , des éloges à M. et M^{me} Lecointe pour leur dévoûment et les soins si désintéressés qu'ils donnent constamment à leurs enfants d'adoption.

La séance a été terminée par le tirage d'une loterie composée de 80 lots offerts par plusieurs dames de la ville , et d'un album orné de dessins d'artistes et d'amateurs. Ce triage a été fait alternativement par *cinq enfants de la Colonie.*

L'administration est donc ainsi composée :

| | |
|---|---|
| Présidents honor. | MM. le préfet du département.<br>le maire.<br>le premier président.<br>le procureur-général. |
| Vice-présid. hon . et memb. corres. | M. H. Duhamel , à Luc , près Caen. |
| Président . . . . | M. l'abbé Denize , membre de la commission des prisons. |
| Secrétaire-général et Caissier. | MM. Guillaume Lecointe, idem, directeur de la Colonie Horticole.<br>Baudon, recev.-général, trésorier.<br>Jeulin, secrétaire-adjoint, directeur des prisons de Rouen. |
| Vice-président. . | M. Chéron , conseiller à la cour royale membre de la comm. des prisons. |

**Conseil d'administration.**

MM. Paumier, président, pasteur de l'église réformée.

Grout, docteur-médecin.

Vingtrinier, médecin en chef des prisons.

Visinet, membre de la commission des prisons.

Blanche, avocat-général.

Delaporte, commerçant.

Grégoire, architecte du département et des bâtiments civils.

Ch. Richard, conservateur des archives municipales.

Prat, propriétaire, membre du conseil municipal et du conseil-gén.

**Membres du comité de placement.**

MM. Debruyckère.

Arnaudtizon.

Desbois, docteur-médecin adjoint des prisons.

Lefort-Gonssollin, membre du conseil municipal et du conseil-gén.

Lemaître.

Ed. Delaporte.

Darcel, O ✷, colonel de la garde nationale, membre du cons. mun. et du conseil-général.

Lecerf, membre du conseil munic.

Gambu-Delarue, président de la commission des prisons.

Boulard, membre idem.

Langlois d'Estaintot, idem, vice-président de la Société d'Emulation.

Abel de Bosmelet, propriétaire.

Membres du comité de placement.

{

MM. Haulon.

Delzeuzes, docteur-médecin.

Thévenin, juge au tribunal de commerce.

Albert Baudouin.

Belot, propriétaire.

Payen, agréé.

Lequesne, président de la Société d'Emulation.

B^in Durécu, propriétaire.

Germonière, négociant.

Lenormand, banquier.

# EXTRAIT DES STATUTS.

La Société a pour but :

De préserver des dangers de la récidive les enfants mis en état de liberté provisoire dans la colonie du Petit-Quevilly, dont la direction est confiée à M. G. Lecointe par l'administration supérieure ;

De leur procurer l'éducation morale et religieuse, l'instruction élémentaire et professionnelle, et de les accoutumer surtout aux travaux des champs, afin de les placer, autant que possible, chez des cultivateurs.

Elle les met sous le patronage des membres de la Société et s'occupe de leur trouver un placement.

Le Société se compose d'un nombre illimité de fondateurs.

Le titre de fondateur n'entraîne d'autre obligation que celle de verser le montant de la somme promise.

Les noms des fondateurs sont inscrits sur le grand livre faisant partie des archives de l'établissement.

*Nota.* Le patronage s'applique également aux jeunes garçons et aux jeunes filles détenus dans les prisons de Rouen.

On continue de souscrire, pour la Colonie, chez MM. les membres de la Société, aux bureaux des deux journaux de Rouen, chez M. Lenormand, banquier, et à la Colonie, ancien parc des Chartreux, au Petit-Quevilly, près Rouen.

Le dons en nature peuvent être envoyés directement à la Colonie, ou déposés chez M. Grout, docteur-médecin, rue de la Pie, n° 6, à Rouen.

# RÉSUMÉ

DES

## TRAVAUX DE LA SOCIÉTÉ DE PATRONAGE

DEPUIS SA CRÉATION JUSQU'AU 31 DÉCEMBRE 1844,

### PAR M. G. LECOINTE,

SECRÉTAIRE-GÉNÉRAL.

MESSIEURS,

Il y a aujourd'hui *dix* ans que nous vous réunissions, pour la première fois, dans cette enceinte, pour vous faire connaître la proposition adressée à MM. les membres de la commission des prisons, le 15 octobre 1833, par M. H. Duhamel et moi, à l'effet d'organiser une Société de Patronage pour les Jeunes Libérés des deux sexes appartenant à notre département; cette proposition, adoptée par la commission des prisons, reçut l'approbation de l'honorable magistrat qui nous préside aujourd'hui, que nous retrouvons toujours partout où il y a du bien à faire.

Nous vous avons successivement, Messieurs, dans

les rapports de la Société lus dans les séances des 26 juin 1835, 21 juin 1836, 4 février 1838 et 8 mars 1841, donné les renseignements les plus exacts et les plus minutieux sur les placements faits et les secours accordés aux jeunes enfants libérés. Nous ne reviendrons pas sur ces résultats, qui vous sont connus; nous nous résumerons en vous disant que, pendant cet espace de *dix* années, la Société a placé et secouru 147 enfants, savoir : 138 jeunes garçons et 9 jeunes filles.

Le montant des souscriptions s'est élevé, depuis le 11 juin 1834 jusqu'au 16 février 1842, les intérêts compris, à..................... 20,841 76

Les dépenses se montent à :

1° Frais d'impression, ports de lettres, organisation de la Société.................. 4,197 41

| | | |
|---|---|---|
| 2° Livrets de caisse d'épargnes, récompenses accordées...... 1,011 75 | | |
| 3° Nourriture, logement, frais de route, apprentissage, etc.................. 5,131 95 | 10,238 50 | |
| 4° Trousseaux, outils, etc. 4,094 80 | | |

Total...... 14,435 91

Si de la recette.................. 20,841 76

On retranche la dépense......... 14,435 91

Reste au 31 décembre 1844........ 6,405 85

déposés chez M. Baudon, trésorier de la Société.

Il y a donc eu, abstraction faite des frais de premier établissement toujours onéreux, 10,238 fr. 50 c. dépensés depuis dix ans pour 147 enfants, ce qui donne une moyenne de 69 fr. 62 c. par enfant.

Le quartier de la prison de Bicêtre destiné aux enfants ne contenait, en 1832, que les jeunes détenus ayant à subir une captivité de moins d'un an ; il devint, par suite des améliorations que nous y avions introduites, M. Duhamel et moi, à l'aide du patronage de M. le préfet, de la commission des prisons, et de M. Jeulin, directeur, un quartier d'éducation et de travail reconnu par le Gouvernement. (Voir la circulaire du 7 décembre 1840.) Il renfermait alors indistinctement les enfants condamnés en vertu des articles 66 et 67, c'est-à-dire à de longues et à de courtes peines. De 14 qu'ils étaient en 1832, le nombre s'accrut successivement jusqu'à **120**, époque du 1er avril 1840.

Mais, par la circulaire du 7 décembre 1840, dont nous vous entretenions tout-à-l'heure, M. le ministre de l'intérieur avait prévenu MM. les préfets qu'à partir du 1er janvier 1841 les frais d'entretien des jeunes détenus âgés de moins de **16** ans, auxquels il serait fait l'application de l'article 66, seraient à la charge de l'État, lorsque leur captivité devrait durer plus d'un an.

C'est dans cette circulaire, qui renferme de nouvelles instructions sur la *destination*, *la mise en apprentissage et les placements en général* de ces enfants, que M. le ministre, à l'occasion de la colonie agricole de Mettray, fondée et dirigée par MM. de Metz et de Bretignières, s'exprime ainsi :

« Cet essai se recommande surtout à notre attention, Monsieur le préfet, parce qu'il se propose spécialement d'attacher aux travaux des champs des enfants sortis presque tous des villes populeuses ou industrielles, tandis que, dans nos prisons pour peines, la force des choses oblige à enseigner aux condamnés des métiers sédentaires qu'ils ont rarement la volonté ou la possibilité d'exercer dans les campagnes. Il y a, on ne saurait en disconvenir, plus de gages de sécurité pour la Société dans un régime qui se propose de former des hommes honnêtes et intelligents pour l'agriculture, que dans le régime industriel d'une prison, quelque bien administrée qu'on la suppose.

» Il est incontestable que la vie des champs est plus propre que celle de la prison au développement des forces physiques des jeunes détenus et à l'entretien de leur santé, peut-être aussi à la conservation de leurs mœurs. »

Ces réflexions, Messieurs, émanées de M. le ministre de l'intérieur, furent plus tard suivies d'une lettre qui annonçait à M. le préfet que les enfants détenus dans le quartier d'éducation correctionnelle de la prison de Bicêtre à Rouen seraient transférés dans les maisons centrales de Loos, Beaulieu ou Gaillon.

Ce fut alors que la Société de Patronage conçut le projet de fonder une colonie plutôt horticole qu'agricole pour les jeunes détenus du département.

Mais les ressources sur lesquelles la Société comptait pour faire face aux dépenses d'acquisition et de construction, suivant le devis présenté à M. le ministre de l'intérieur, le 23 novembre 1842, par M. Tourin, inspecteur-général des prisons du royaume, ne s'étant pas réalisées, elle se trouva dans la nécessité de renoncer à son projet ou au moins de l'ajourner indéfiniment. (Ce devis se montait à 360,000 fr. pour 200 enfants.)

Mon honorable collègue, M. H. Duhamel, dégoûté par les obstacles qui surgissaient de tous côtés, ayant pris le parti de se retirer et d'aller habiter Luc, près de Caen, je me décidai à fonder, à mes risques et périls, l'établissement dont nous sollicitions la création depuis longues années, et dont la demande avait été favorablement accueillie par M. le ministre de l'intérieur et par le conseil-général du département (avec certaines réserves, il est vrai); mais il me restait une grande difficulté à vaincre : ma propriété était louée pour douze ans à un maître de pension, et à raison de 2,500 fr. par an.

Les bruits fondés qui, depuis quelque temps, circulaient sur la création d'une colonie agricole de jeunes détenus dans une partie du parc, effrayèrent les parents, et le pensionnat, en pleine prospérité à son début, vit tout-à-coup diminuer d'une manière effrayante le nombre de ses élèves.

Deux experts furent nommés; ils s'en adjoignirent un troisième, et il fut décidé que, pour dédommager le locataire des pertes qu'il éprouvait par la défection de ses élèves, et pour la durée de son bail, qui avait encore *sept* années à courir, je devais lui accorder une indemnité de 10,000 fr. et lui acheter son mobilier de pension au prix de l'expertise.

Il me fallut donc consentir à cette indemnité; tout élevé qu'en paraisse le chiffre au premier aperçu, cette indemnité n'a pas cependant été avantageuse pour celui qui la recevait, puisqu'il n'a pu, depuis, trouver un local pour remplacer celui qu'il cédait, et que, rencontrant de nombreux et savants chefs d'institution dans la ville de Rouen, il s'est trouvé dans la nécessité de renoncer à un état qui lui promettait une existence assurée.

Ceci se passait au mois de septembre 1842.

J'eus donc à payer à mon locataire une indemnité de . . . . . . . . . . . . . . . . . . . . . . . . . . . . 10,000 fr.

Un mobilier de . . . . . . . . . . . . . . . 4,000

Et je fus en outre exposé à perdre, pendant un certain temps du moins, un loyer de 2,500 fr. par an (¹).

---

(¹) Ceci répond aux personnes qui pensent que j'ai tiré un très-grand parti de ma propriété en la vendant 3 à 400,000 fr., ou en la louant de 8 à 10,000 fr.

Libre de disposer de ma propriété, secondé par la Société de Patronage, je fis un appel à mes concitoyens. Beaucoup de personnes, comprenant qu'il s'agissait de la fondation d'une œuvre toute d'intérêt public, ont voulu s'y associer et ont répondu à cet appel. Qu'elles en reçoivent aujourd'hui la récompense par le bien qu'elles m'ont fait faire.

Par suite, Messieurs, de la création de notre Colonie, qui compte aujourd'hui 48 enfants présents, sur lesquels 32 appartiennent à notre département, et dont le chiffre pourrait être porté à 100 si nous avions un local prêt à les recevoir; par suite de la mesure prise par M. le ministre de l'intérieur de ne conserver dans le quartier de Bicêtre, à Rouen, que les enfants ayant une peine de moins d'un an à subir (il y en a 4 de présents en ce moment et 8 prévenus), les placements à faire par la Société de Patronage et par la commission des prisons deviendront beaucoup moins importants, et par cela même moins onéreux sous le rapport pécuniaire, puisque, d'ici à un an peut-être (si, comme nous vous le disions tout-à-l'heure, nous voyons augmenter le nombre de nos colons), nous pourrons non-seulement suffire à nos besoins, mais encore économiser une masse que les enfants retrouveront au moment de leur libération. Nous citerons pour exemple 4 de nos enfants libérés et placés par nous en 1844 ; 8 vont l'être en 1845 ; 3 sont placés. Un de ces 3, n'ayant plus que deux mois de prison à subir pour atteindre sa libération, travaille tous les jours *en ville* comme manœuvre en maçonnerie, et gagne 1 fr. 25 c. par jour ; il aura donc, à sa sortie, un état et 70 à 80 fr. de masse.

Si nous avons l'espoir que la plus grande partie de nos colons se trouveront dans cette catégorie, nous avons aussi la triste certitude que plusieurs, dépourvus de ce simple bon sens qui distingue l'homme de la brute, seront incapables de se livrer à aucun genre de profession, et ne pourront faire, tout au plus, que de mauvais manouvriers terrassiers.

Ce sont ces considérations et surtout les graves inconvénients des courtes détentions subies à Bicêtre, tant de fois signalées et se reproduisant encore aujourd'hui, qui nous engagent à réveiller la sollicitude de la Société de Patronage et de la commission des prisons.

Gardons-nous cependant d'être accusés avec raison de porter atteinte à la morale publique et de donner une prime d'encouragement au vice, en accordant trop facilement des secours à l'enfant prévenu, jugé et condamné comme vagabond, mendiant ou voleur, dont nous n'avons pas eu le temps d'étudier les mœurs et les habitudes, tandis que nous ne faisons rien *encore* pour l'enfant pauvre qui n'a pas failli.

La Société de Patronage est dans la nécessité de renouveler son bureau et de nommer plusieurs membres.

Cette institution, suivant nous, ne pouvant être

bien appréciée, bien sentie que par ceux qui ont charge de la mettre en pratique, la philanthropie dont sont animés Messieurs les membres de la commission des prisons est un sûr garant qu'ils s'acquitteront avec zèle et distinction de la fonction de membres du comité de placement.

En vertu de l'article 11 de notre réglement, nous avons aujourd'hui l'honneur de présenter à vos suffrages MM. Gambu-Delarue, Boulard et Langlois d'Estaintot;

MM. Haulon, Thévenin, Belot, Abel de Bosmelet, Payen, agréé; A. Baudouin, Delzeuzes, docteur-médecin; Lequesne, président de la Société d'Emulation; Benjamin Durécu, Germonière et Lenormand, banquier, auquel nous témoignons ici, au nom de la Société, notre reconnaissance pour le zèle et le désintéressement qu'il a mis à faire rentrer les engagements contractés en faveur de l'établissement.

Nous avons également à nommer un président en remplacement de M. Mesnard, dont nous regretterions la perte, si nous n'avions la consolation de le savoir appelé par le Gouvernement aux fonctions les plus élevées de la magistrature, fonctions dont ses lumières et sa rare capacité le rendent digne, et dans l'exercice desquelles il travaillera au triomphe de la justice et de la vérité. Connaissant, Messieurs, les vives sympathies que M. Salveton, procureur-général, éprouve pour notre œuvre, nous avions

pensé vous le proposer pour la présidence de fait ;
mais un sentiment de délicatesse que vous appré-
cierez tous a mis ce haut fonctionnaire dans la nécessité de décliner cet honneur, à raison même de la
nature de ses fonctions. Nous pensons donc qu'il
serait convenable de le nommer président honoraire,
et de porter à la présidence active M. Denize, notre
vice-président, et M. Chéron comme vice-président.
Nous réclamerons également pour notre ancien collègue, M. H. Duhamel, le titre de vice-président
honoraire et de membre correspondant.

## ENFANTS DE LA COLONIE

Qui, par leur conduite, leur application et la manière dont ils aident
  à maintenir l'ordre et la discipline dans l'établissement, ont mérité
  une récompense.

1° N° 7. — Chef principal depuis la fondation, n'a
  pas eu une seule mauvaise note et conduit ses
  camarades travailler en ville.
2° N° 2. — Sous-chef principal, idem.
  N° 11. — Adjudant sous-chef principal.
  N° 10. — Chef de section.
  N° 13. — Chef de section, porte le lait en ville.
  N° 18. — Sous-chef de division, garçon de ferme
  de la Colonie.

# RAPPORT

SUR

## LA FONDATION, LES RÉSULTATS MORAUX ET LA POSITION FINANCIÈRE

DE LA

## COLONIE HORTICOLE ET AGRICOLE

DEPUIS LE 14 JANVIER 1843 JUSQU'AU 31 DÉCEMBRE 1844,

### PAR M. G. LECOINTE,

DIRECTEUR.

———♦———

Deux années se sont écoulées depuis la fondation de notre Colonie, et nous avons vu se réaliser les prévisions que nous avions émises dans un rapport lu en 1836; en effet, nous avons le bonheur de pouvoir vous annoncer un progrès rapide, tant dans nos essais de moralisation que dans notre situation financière.

Que demandions-nous alors?

La création d'un établissement qui fût assez vaste pour réunir à l'immense avantage de pourvoir à

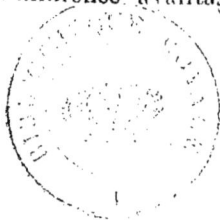

2

tous ses besoins, l'avantage plus précieux encore de nous mettre à même de former des jardiniers et des garçons de ferme moins ignorants que ceux que l'on rencontre habituellement dans nos campagnes.

Nous demandions encore des états professionnels qui pussent, au moment de la libération de nos enfants, leur assurer des moyens d'existence, une profession étant le premier élément moralisateur et le seul préservatif contre les rechutes occasionnées par l'incapacité et le manque de travail.

Grâce à votre concours et au généreux appui de quelques-uns de nos concitoyens, nous avons pu mettre en pratique nos idées de colonisation, qui avaient été jugées inexécutables par des hommes qui les considèrent les uns comme des utopies, et les autres comme un moyen propre à favoriser une spéculation particulière.

Notre but, Messieurs, n'est pas de récriminer; nous serions d'autant plus mal fondé à le faire, que le temps et l'expérience sont venus détruire, pièce à pièce, toutes les allégations et les attaques qui ont été dirigées contre nous et contre notre système.

Nous allons donc vous présenter nos résultats, appuyés sur des faits et des chiffres, arguments plus puissants que tous les raisonnements, et qui, nous l'espérons, vous feront partager nos convictions.

Pour procéder avec ordre, nous vous parlerons d'abord du personnel de la colonie depuis sa fondation.

60 enfants ont été admis.

53 sont encore présents.

4 a été gracié par suite de sa bonne conduite , et à la recommandation de M^me la baronne Dupont-Delporte.

3 ont été réintégrés dans des maisons centrales pour mauvaise conduite et insubordination.

Sur ces trois, deux n'appartiennent pas à notre département.

3 sont libérés :

Le n° 4, le 10 mars ⎫
Le n° 6, le 20 mars ⎬ 1844.
Le n° 5, le 5 août ⎭

C'est encore ici le moment de faire ressortir les inconvénients d'un trop court séjour dans la Colonie, et surtout l'utilité des Sociétés de Patronage, pour venir au secours de ces enfants en leur procurant un placement ou les moyens de continuer l'état qu'ils ont commencé à apprendre dans l'établissement (¹).

Le n° 4 se trouvait dans cette catégorie ; il savait bêcher, comprenait assez bien la taille raisonnée des arbres fruitiers ; mais n'ayant passé qu'un an dans la Colonie, il ne réunissait pas la pratique à la théorie : il n'aurait donc pu se procurer du travail ou se placer s'il eût été abandonné à lui-même.

Grâce aux soins de M. Abel de Bosmelet, l'un des

---

(¹) Le n° 1 gagne 400 fr. par an , nourri et logé.

plus anciens membres de la Société, un horticulteur distingué a bien voulu s'en charger ; mais ce jeune homme, ayant éprouvé quelques désagréments de la part des ouvriers, qui ont su à quelle source il avait puisé les premières notions de son état, s'est vu forcé d'abandonner son maître et de travailler pour son compte ; il vient souvent nous visiter, et nous savons qu'il gagne aujourd'hui 1 fr. 75 c. à des travaux de culture.

Le n° 6, depuis le jour de sa libération (20 mars 1844), est domestique chez un homme généreux, qui n'a cessé de donner des marques d'intérêt à notre établissement et à nos pupilles.

Nous avons la satisfaction de vous dire que son maître lui permet de nous visiter souvent, et que sa conduite, jusqu'à ce jour, est exempte de reproches.

Le n° 5 : sa conduite dans la Colonie l'avait rendu digne de notre confiance. Il est le premier qui ait été vendre le lait en ville ; nous avons été à même de lui reconnaître un goût très-prononcé pour le commerce. Nous avions formé le projet d'en faire un colporteur ; mais ayant, à sa libération, trouvé une place de domestique de confiance dans une maison de banque, il y est entré. Nos craintes se sont réalisées : l'indépendance de son caractère était incompatible avec son nouvel état. Sorti de chez son maître avec un certificat de probité, nous savons qu'il est ouvrier fileur dans une fabrique, qu'il se conduit bien. Nous ne renonçons pas au projet que nous avions formé pour lui, ne regardant pas sa position comme un placement heureux.

### ÉTAT CIVIL.

Sur 60 enfants :

8  sont enfants naturels,

12  orphelins de père,

10  orphelins de mère,

3  orphelins de père et de mère.

Total. .   33

7 sont détenus pour complicité de vol avec leurs parents.

Ces 60 enfants ont ensemble :

92  frères,

78  sœurs.

Total. .  170

Sur ces 170 :

7  sont naturels,

23  orphelins de père,

32  orphelins de mère,

5  orphelins de père et de mère.

Total. .   67  privés de leurs parents.

Les 103 autres sont souvent confiés, pendant que leurs pères et mères subissent des condamnations plus ou moins longues, à des frères et sœurs âgés de moins de *quinze ans*.

Cet effrayant tableau, lorsqu'on remonte des ef-

fets aux causes, répond victorieusement aux reproches qui nous sont parfois adressés de *favoriser les
enfants qui ont failli de préférence aux enfants
pauvres*.

Tout en applaudissant à la pensée de fonder des
colonies pour les enfants de la classe malheureuse,
pensée que nous avons émise nous-même dans un
rapport lu en 1836, nous avons cru cependant que
les *jeunes détenus*, qui eux aussi font partie de la
classe pauvre, réclamaient la priorité par l'excès de
leur misère, et *plus encore* par l'excès des maux dont
la société est menacée, si on ne s'applique à les dé-
tourner de la pente du vice et du crime.

C'est donc pour apporter un remède à tant de ca-
lamités que nous nous sommes occupé de sauver ces
enfants, souvent abandonnés par leur famille,
d'autres fois entraînés par l'exemple de leurs parents
et reniés par la société, qui les rend responsables
des fautes dont ils sont les premières victimes.

### FAITS DE MORALITÉ.

Il y a peu de temps, nous vous disions que nos
enfants se regardaient comme prisonniers sur parole.

Des preuves matérielles, nous ne pouvions en donner; nous en trouvions dans leur zèle à accomplir des
travaux plus pénibles que ceux qui leur sont imposés
dans les prisons; mais aujourd'hui que nous avons
fait des essais qui ont eu le plus grand succès, nous

pouvons affirmer, et nous ne manquons pas de témoins *de visu* qui pourraient affirmer comme nous ce que nous ne faisions que pressentir.

Ainsi, nous vous dirons que 12 à 15 de nos enfants vont fréquemment, et sous la seule surveillance d'un chef pris parmi eux, travailler en *ville*, soit comme jardiniers, soit comme manœuvres en maçonnerie ; partant au point du jour, ils rentrent exactement à l'heure de dîner, qui a lieu à *cinq* heures.

Nous vous en citerons plusieurs qui, tous les jours, dès cinq heures du matin, ouvrent les portes de la maison, vaquent aux soins de la basse-cour et portent alternativement à Rouen, dans une petite voiture, le lait et les légumes, produits de la ferme, du jardin et du travail de leurs camarades.

Nous vous parlerons également de ceux qui, à tour de rôle, font le service intérieur de la maison avec la plus scrupuleuse exactitude; de ceux enfin qui, chargés d'aller au village ou à la ville chercher les outils nécessaires aux ateliers, n'ont d'autre désir que de s'acquitter le mieux et le plus promptement possible des commissions qui leur sont confiées.

Vous n'avez sans doute pas oublié la montre du contre-maître aux travaux, perdue dans le parc et retrouvée avec tant de bonheur par le n° 6, qui doit à sa bonne conduite l'heureux placement dont nous vous avons déjà entretenus.

Nous n'abuserons pas de vos moments en vous

citant beaucoup d'autres faits journaliers qui n'auraient d'intérêt peut-être que pour les personnes initiées à la vie intérieure de notre famille d'adoption.

Mais nous pensons devoir appeler votre attention sur un fait qui nous paraît la mériter.

Notre aumônier, trop gravement malade pour pouvoir remplir les fonctions de son ministère, manifesta le désir de se fixer près d'un de ses amis dans le village voisin. L'homme de confiance chargé de son déménagement nous paraissant être dans un état qui ne nous permettait pas de lui livrer avec sécurité l'argenterie de M. l'aumônier, nous l'avons confiée à trois de nos colons, qui, fiers de ce dépôt, se sont acquittés de leur mission avec zèle et exactitude.

Nous devons à la vérité de dire que *la liberté* dont jouissent une partie de nos colons n'est qu'une récompense accordée à la bonne conduite. Pour obtenir cette faveur, il faut avoir été inscrit sur le tableau de réhabilitation pendant *six* mois consécutifs, n'avoir pas eu une mauvaise note pendant ce temps, et, enfin, avoir subi un scrutin d'élection auquel prennent part ceux qui sont l'objet de cette exception; ceux-ci n'ignorent pas que, si un seul abusait de sa liberté, la mesure cesserait aussitôt pour tous. C'est en les rendant ainsi solidaires que nous maintenons l'esprit de corps, et que nos enfants qui désirent se réhabiliter aux yeux de la société craignent de commettre une faute qui les dégraderait de nouveau.

Nous n'ignorons pas que quelques personnes, pour atténuer ce que nous regardons comme un de nos beaux succès, objectent que ces enfants sont trop heureux, et qu'en s'évadant ils ne seraient pas mieux chez leurs parents ou partout ailleurs.

Ces personnes ne réfléchissent pas qu'à cet âge, où l'on manque de prévoyance et de jugement, le premier bonheur est la *liberté*.

Ces enfants, il est vrai, se trouvent mieux dans notre établissement qu'entre quatre murailles, privés d'air et de soleil, sous les yeux d'une sentinelle toujours armée qui plane au-dessus d'eux. Là, rarement un étranger jette sur eux un regard d'intérêt ou de pitié; pas une main secourable ne les aide à sortir de l'abîme où ils sont tombés. Ici, au contraire, une Société bienveillante les protège, et des soins, des conseils paternels les encouragent; de là vient le changement qui s'opère en eux, de là aussi le développement de sentiments généreux jusqu'alors étouffés ou ignorés.

Qu'on ne croie pas cependant qu'ils oublient la punition correctionnelle.

Ils sont soumis à une discipline sévère, couchés, vêtus, nourris comme dans les maisons centrales; exposés à toutes les tentations possibles, ils y résistent; les portes ouvertes, ils ne cherchent pas à fuir. Au milieu de fruits de toutes espèces, ils se gardent d'y toucher. Leur travail jusqu'alors leur a été improductif; cependant ils s'y livrent chaque jour pendant *huit* heures avec zèle et application.

Leur bonne conduite dans l'établissement constate les progrès de leur moralisation, et est pour nous un gage de l'usage qu'ils pourront faire de la liberté après laquelle ils soupirent.

### ÉTAT SANITAIRE.

Un des grands avantages de cette vie des champs, c'est que le physique s'améliore en même temps que le moral.

Ces enfants, naguère dissimulés, soutenant le mensonge avec effronterie, ne regardant jamais en face, étonnent aujourd'hui tous ceux qui les visitent par leur bonne mine, leur air franc et ouvert. Leurs mœurs se sont adoucies, et leurs forces se sont développées, par suite de l'exercice qu'ils prennent dans les différents états auxquels tous se livrent suivant leur âge. Aucun n'a été malade sérieusement depuis son entrée dans la Colonie ; tous sont arrivés faibles, quelques-uns souffrants et incapables de porter une bêche et de pousser une brouette ; aujourd'hui, leur état sanitaire est des plus satisfaisants. Ces 60 enfants ont, en 2 années, coûté, pour médicaments, chacun 17 dix-millièmes de centime par jour.

Il est vrai de dire que le médecin, M. le docteur Grout (¹), donne ses soins gratuitement, et que le

---

(¹) Gendre de M. Lecointe.

pharmacien, M. Lescaune, livre ses médicaments au prix coûtant.

## INSTRUCTION RELIGIEUSE.

La mort nous a enlevé le digne aumônier que nous devions à l'intérêt que nous porte son oncle, M. l'abbé Denize, chanoine de la Métropole; privés, par cette perte cruelle, des conseils et de l'appui de cet honorable ecclésiastique, nous sommes heureux de pouvoir vous signaler les sympathies que nous avons rencontrées dans les membres du clergé auxquels nous avons eu recours dans cette triste circonstance.

Nous adresserons donc ici de sincères remerciments à MM. Caumont et Juste, grands-vicaires de ce diocèse; à M. Motte, curé de Saint-Gervais, qui a bien voulu permettre à M. l'abbé Billard, prêtre habitué de sa paroisse, de venir provisoirement dire l'office dans notre chapelle et faire l'instruction religieuse à nos enfants.

Nous devons au zèle et aux instructions de cet excellent ecclésiastique la satisfaction d'avoir vu 12 de nos colons faire leur première communion avec recueillement et modestie. Cette cérémonie, à laquelle assistaient les notabilités de la ville de Rouen, a pu convaincre tous ceux qui en ont été témoins que ces enfants sont susceptibles de retour vers le bien, et que la religion et le travail pourront en faire d'honnêtes citoyens.

### INSTRUCTION ÉLÉMENTAIRE ET PROFESSIONNELLE.

Pour stimuler le zèle de nos enfants, nous faisons tous les deux jours, à ceux qui savent lire et écrire, un cours de géométrie appliquée aux arts et métiers et un cours de taille raisonnée des arbres fruitiers. Le jeudi, ils suivent un cours de dessin linéaire professé gratuitement par M. Leplichey, instituteur communal.

Par ces moyens, et à l'aide de deux contre-maîtres (¹) qui ont compris l'importante mission qui leur est confiée, nous formons des charpentiers, des charrons, des menuisiers, des bûcherons, des jardiniers, réunissant la pratique à la théorie.

Le contre-maître surveillant, qui est en même temps moniteur-général, s'acquitte également avec zèle de ses fonctions et leur enseigne l'étude du plain-chant (²).

Nous espérons que ce chef d'enseignement, qui les rend utiles à l'établissement, puisque les offices ne sont chantés que par eux, pourra leur procurer, à leur libération, des relations morales dans les communes qu'ils habiteront.

---

(¹) Eugène Tribout, contre-maître aux travaux agricoles; Vinay, charpentier, menuisier et charron.

(²) Nous ne laisserons pas échapper cette occasion d'adresser nos remerciments à MM. Bellanger, instituteur communal, et Pavie, musicien, pour les leçons de goût qu'ils ont bien voulu leur donner.

Après vous avoir entretenus, Messieurs, de nos résultats, il est temps de vous faire connaître les moyens à l'aide desquels nous les avons obtenus, et qui nous ont valu, de la part de l'un des illustres fondateurs de la colonie de Mettray (M. Demetz), ces paroles qui, à elles seules, nous dédommagent de nos soins et de nos peines :

« Je suis profondément touché de ce que je vois;
» depuis plus de vingt ans je suis criminaliste, de-
» puis longues années je m'occupe des enfants, je
» connais toutes les ressources qu'ils offrent et tout
» le parti que l'on peut en tirer; on m'avait dit vos
» résultats, je ne pouvais y croire. »

### RÉGLEMENT.

| Récompenses. | Punitions. |
|---|---|
| Les bonnes notes. | Les mauvaises notes. |
| Tableau d'honneur et de réhabilitation. | La suspension du grade. |
| Tableau de récompense. | Descente à un grade inférieur. |
| Le droit de nommer les chefs. | Dégradation, si l'on est au dernier grade. |
| Les grades. | Renvoi dans une division inférieure. |
| La permission de faire le travail intérieur. | La privation de recréation. |
| La permission de faire les commissions au dehors. | Interdiction de la visite des parents. |
| La demande au ministre pour obtenir le placement avant libération. | Inscription au tableau de punition, avec collet jaune. |
| | Le pain et l'eau. |
| | Et enfin, après avoir épuisé tous ces moyens, le renvoi dans une maison centrale. |

## ART. 1<sup>er</sup>.

Tout chef qui se mettra dans le cas de subir une punition sera suspendu ou descendra d'un grade ; celui qui se trouvera au dernier grade sera porté le dernier sur le tableau de réhabilitation.

## ART. 2.

Tous les colons portés sur le tableau de réhabilitation ne porteront pas de collet et auront seuls le droit d'aller en ville, de parvenir à un grade par rang de conduite, soit à l'époque du placement, soit à la dégradation d'un chef. (Pour être porté sur le tableau de réhabilitation, il faut n'avoir pas eu de mauvaises notes pendant six mois.)

## ART. 3.

Ceux qui, pendant deux mois, n'auront pas de mauvaises notes, seront inscrits sur le tableau de récompense, porteront le collet rouge, et auront, ainsi que ceux inscrits sur le tableau de réhabilitation, le droit d'élire leurs chefs et de former le jury de punition.

## ART. 4.

Pour être élu chef, il faut réunir les deux tiers des voix. Le choix ne sera valable qu'autant qu'il aura reçu la sanction de M. Lecointe.

## ART. 5.

Celui dont le nom inscrit sur le tableau de récompense méritera par sa conduite une mauvaise note dans le mois, sera inscrit le 1ᵉʳ du mois suivant sur le tableau d'épreuve et portera le collet bleu. Celui inscrit sur le tableau d'épreuve qui aura cinq mauvaises notes sera porté sur le tableau de punition le 1ᵉʳ du mois suivant et portera le collet jaune.

### ART. 6.

Pour passer du tableau de punition au tableau d'épreuve et du tableau d'épreuve au tableau de récompense, il faut n'avoir pas eu une seule mauvaise note pendant deux mois.

### ART. 7.

Tout colon est tenu d'obéir sans répondre et sur-le-champ à ce qui lui est ordonné par son supérieur, sauf à présenter plus tard ses observations s'il les croit fondées.

### ART. 8.

M. Lecointe aura seul le droit d'infliger les punitions sur le rapport du surveillant qui aura porté plainte. Ce rapport sera lu tous les dimanches à l'issue de la messe, en présence de l'administration et de l'aumônier de la maison.

### ART. 9.

En cas d'absence prolongée de la part de M. Lecointe, M. Lecointe fils fera exécuter le réglement.

Comme on a pu le remarquer à la lecture de notre

réglement, *toute punition corporelle* en est bannie ; les peines infligées ne le sont que par un jury composé des enfants dont les noms sont inscrits sur les tableaux de réhabilitation et de récompense. Si quelquefois nous sommes obligé d'imposer notre autorité, ce n'est que pour atténuer ou modifier la punition.

Ces jugements sont prononcés et subits sans réclamation de la part des coupables.

Nous terminerons ce rapport en mettant sous vos yeux notre position financière ; cet exposé, qui se trouve justifié par la présentation de tous les renseignements qui s'y rattachent, par les livres de la comptabilité et par des tableaux soumis à votre examen, dont la division vous donnera les moyens de suivre les recettes et leur emploi dans leurs détails les plus circonstanciés et les plus minutieux, peut vous mettre à même, en voyant notre point de départ et le but que nous avons atteint en si peu de temps, de juger si nous avons rempli dignement le mandat qui nous est confié par le Gouvernement et par vous.

## LA COLONIE POSSÈDE AUJOURD'HUI :

| | | |
|---|---|---:|
| CHAPELLE....... | Mobilier du culte, chaises, etc........................... | 600 fr. |
| VESTIAIRE...... | 57 Trousseaux à 40 fr................................. | 2,280 |
| DORTOIR........ | 40 Lits en fer à 18 fr............................... | 720 |
| | 14 Lits de sangle à 4 fr............................. | 56 |
| CLASSE......... | Bancs, tables, lampes, livres, etc..................... | 150 |
| RÉFECTOIRE..... | Bancs, tables, vaisselle, etc........................ | 100 |
| CAVE........... | 50 Hectolitres de fûts.............................. | 150 |
| CUISINE........ | Fourneaux, seaux, etc.............................. | 300 |
| ÉTABLES........ | 4 Vaches........................................ | 600 |
| | 4 Génisses....................................... | 140 |
| ÉCURIES........ | 1 Cheval......................................... | 120 |
| BASSE-COUR..... | Porcs............................................ | 80 |
| | 2 Voitures et harnais............................. | 200 |
| | Instruments de jardinage, outils de menuisier et scieur de long.. | 150 |
| | Moulins à blé, à pommes, etc......................... | 700 |
| | Total................ | 6,546 |

---

## L'ADMINISTRATION DE LA COLONIE EST COMPOSÉE DE :

| | Appointements et honoraires. | |
|---|---:|---|
| 1 Directeur ( M. Lecointe père )..................... | » fr. | |
| 1 Sous-directeur-inspecteur (M. Lecointe fils ).......... | » | |
| 1 Docteur-médecin (M. Grout, gendre de M. Lecointe)... | » | |
| 1 Chef des travaux horticoles ( M. Lecointe père )........ | » | |
| 1 Agent comptable greffier ( M. Lecointe fils ).......... | » | |
| 1 Instituteur ( MM. Lecointe père et fils )............. .. | » | |
| 1 Econome ( Mme Lecointe)....................... | » | |
| 1 Aumônier................................... | 1,200 | ( logé ). |
| 1 Moniteur-général, surveillant de nuit............... | 700 | y compris la nourriture ( logé ). |
| 1 Contre-maître aux travaux ( surveillant de nuit )....... | 1,000 | ( logé ). |
| 1 Contre-maître charpentier-menuisier ................ | 800 | |
| 1 Employée à la lingerie......................... | 550 | y compris la nourriture ( logée ). |
| 1 Contre-maître tailleur ......................... | 240 | |
| 1 Cuisinière .................................... | 180 | |
| Total................ | 4,670 | |

## TABLEAU N° 1.

**SOMMES REÇUES depuis le mois d'avril 1842 jusques et y compris le 31 décembre 1844.**

| | Souscriptions particulières. | fr. c. | fr. c. |
|---|---|---|---|
| 1842 | Reçu par M. Lecointe................... | 2,203 » | |
| 1843 | Idem      idem ................... | 5,442 74 | |
| 1844 | Idem par M. Lenormand, banquier ........ | 15,644 » | 27,727 58 |
| | Idem par M. Lecointe................... | 3,877 84 | |
| | Reçu de M. le Ministre de l'Intérieur : | | |
| 1843 | 20 Trousseaux à 80 fr................... | 1,600 » | |
| | 4,781 Journées à 0 fr. 80 c........... | 2,352 80 | 16,046 70 |
| 1844 | 37 Trousseaux à 80 fr................... | 2,960 » | |
| | 9,577 Journées à 0 fr. 80 c........... | 7,664 60 | |
| | Solde des 4,781 journées de 1843....... | 1,472 30 | |
| 1843 | Avances faites par M. Bne Durécu....... | 500 » | 500 » |
| | Produit de la culture et vente du lait. | 333 30 | 2,527 69 |
| 1844 | Produit de la culture et vente du lait. | 2,194 39 | |
| | Reçu du Conseil-Général............... | 6,000 » | 6,000 » |
| | Travail de l'atelier................... | 91 06 | 152 06 |
| | Journées faites en ville par les enfants. | 61 » | |
| | Vente de deux lits de fer............. | 50 » | 50 » |
| | Diverses souscriptions provenant de chez M. Daudon. | 1,800 » | 1,800 » |
| | Reçu de M. le Ministre de l'Instruction Publique. | 300 » | 300 » |
| | *Masse des enfants provenant du leur travail dans les maisons centrales.* | » | 1,028 93 |
| | | | 55,432 96 |
| | Total de la dépense................... | 62,017 45 | |
| | Total de la recette................... | 55,432 96 | |
| | Différence ................... | 6,584 49 | |
| | Sur la dépense montant à............. | 62,017 45 | |
| | Il y a de payé................... | 53,584 25 | |
| | Reste à payer ................... | 8,433 20 | |
| | Pour payer ces............. 8,433 20 | | |
| | Il y a en caisse.......... 1,848 71 | | |
| | Dû par M. le Ministre, 3,972 80 | 6,021 54 | |
| | Dû par divers........ 200 » | | |
| | Déficit ........ 2,411 59 (V. le Tableau n° 2.) | | |

## TABLEAU N° 1.

**SOMMES PAYÉES et à payer pour la dépense de 60 enfants, depuis le 14 janvier 1843 jusques et y compris le 31 décembre 1844 (2 ans, ou 19,934 journées).**

*Nota. — Les sommes écrites en chiffre gras ne sont pas payées; elles sont parties afin de faire connaître le chiffre réel de chaque chapitre.*

| | SOMMES DUES. | SOMMES PAYÉES. | TOTAL de CHAQUE CHAPITRE. | TOTAL GÉNÉRAL. |
|---|---|---|---|---|
| | fr. c. | fr. c. | fr. c. | fr. c. |
| **Frais de premier établissement.** | | | | |
| Indemnité au locataire............. | | 10,050 » | | |
| Impression de circulaires, rapports, etc........ | | 912 95 | 11,693 50 | 11,693 50 |
| Voyage pour obtenir des enfants, etc......... | | 730 55 | | |
| **Constructions, appropriation des bâtiments.** | | | | |
| Cour des enfants................... | | 197 75 | 197 75 | |
| Classe................... | | 406 45 | 406 45 | |
| Dortoirs anciens et nouveau............. | 1,738 02 | 4,627 23 | 6,365 25 | 11,456 37 |
| Réfectoire et cuisine............. | 210 70 | 1,009 » | 1,009 » | |
| Chapelle................... | | 1,953 42 | 2,174 12 | |
| Ateliers ancien et nouveau............. | | 1,070 65 | 1,070 65 | |
| Dépenses diverses................... | | 233 45 | 233 45 | |
| **Mobilier.** | | | | |
| Classe................... | 80 » | 257 05 | 337 05 | |
| Dortoir................... | | 1,124 » | 1,124 » | |
| Réfectoire................... | | 435 60 | 435 60 | |
| Ateliers................... | | 56 60 | 56 60 | 7,212 89 |
| Cave................... | | 460 » | 460 » | |
| Cuisine................... | | 421 75 | 421 75 | |
| Chapelle................... | | 1,061 25 | 1,061 25 | |
| Culture ( bestiaux )............. | | 1,483 50 | 1,483 50 | |
| Culture ( instruments )............. | 195 » | 1,940 14 | 2,133 14 | |
| **Frais non productifs.** | | | | |
| Employés ( 0 f. 53 c. 54 m.), par jour, par enfant. | 546 50 | 6,281 35 | 6,827 85 | |
| Nourriture ( 0 f. 54 c. 13 m.), par jour, par enfant. | 1,606 43 | 4,990 44 | 6,596 27 | |
| Vestiaire et entretien du mobilier............. | 2,113 68 | 3,520 79 | 5,634 47 | |
| Chauffage et éclairage............. | 250 » | 828 20 | 1,078 20 | |
| Blanchissage................... | | 584 10 | 584 10 | |
| (*) Loyers ( 0 f. 29 c. 11 m.), par jour, par enfant. | | 5,625 » | 5,625 » | 30,570 66 |
| Trousseaux fournis, masses rendues à divers... | | 274 90 | 274 90 | |
| Dépenses diverses d'ateliers, classe, réfectoire, etc.. | 195 09 | 695 » | 820 09 | |
| —  de culture............. | 442 25 | 1,739 72 | 2,181 97 | |
| —  de service médical ( 0 f. 0 c. 47 m.). | 22 05 | 10 80 | 32 85 | |
| —  du culte............. | 21 16 | 317 43 | 338 58 | |
| —  de greffe et instruction............. | | 575 78 | 575 78 | |
| *Masses dues aux enfants............* | 904 05 | » | » | 1,004 05 |
| *Avances dues à M. Bne Durécu............* | 100 » | » | | |
| 1844.      Sommes dues au 31 décembre... | 8,433 20 | 53,584 25 | » | 62,017 45 |

(*) Les loyers figurent pour la somme qu'ils auraient dû coûter au locataire, et M. Lecointe a fait ci-fait entrer ces frais à débrouiller du bénéfice, dont le terrain est employé au profit de l'établissement.

PRODUIT EN MOYENNE de chaque enfant. — 60 enfants sont entrés dans l'établissement depuis le 14 janvier 1842 jusques et y compris le 31 décembre 1844, ce qui forme un total de 19,324 journées.

| | Fr. | C. | | Fr. | C. | M. |
|---|---|---|---|---|---|---|
| 19,324 Journées à 0 fr. 80 c. ........................ | 15,459 | 20 | ou | 0 | 80 | 00 |
| 57 Trousseaux à 80 fr. ............................ | 4,560 | » | ou | 0 | 23 | 59 |
| Produit de la culture, vente de lait, ateliers et journées. . . . . . | 2,679 | 75 | ou | 0 | 43 | 86 |
| Mobilier du vestiaire existant en magasin, 2,950 fr. 32 c. ...... | 2,950 | 32 | ou | 0 | 15 | 26 |
| A déduire pour les masses et trousseaux fournis et rendus aux enfants libérés. . . . . . . . . . . . . . . . . . . . . . . . . . . . . . | 274 | 90 | ou | 0 | 01 | 42 |
| | 25,924 | 17 | ou | 1 | 34 | 13 |

---

TABLEAU N° 2.

DÉPENSES EN MOYENNE de chaque enfant. — 60 enfants sont entrés dans l'établissement depuis le 14 janvier 1842 jusques et y compris le 31 décembre 1844, ce qui forme un total de 19,324 journées.

| Dépenses extraordinaires. | Fr. | C. | | Fr. | C. | M. | Fr. | C. |
|---|---|---|---|---|---|---|---|---|
| 60 Enfants ont coûté pour l'indemnité. . . . . . . . . . . . . | 10,050 | » | ou | 0 | 52 | 01 | | |
| Construction d'un bâtiment consistant en : trois dortoirs, une infirmerie, un réfectoire, un atelier, une buanderie, une menuiserie, un garde-meuble, un magasin pour les outils, un parc des moulins. . . . . . . . . . . | 11,456 | 37 | ou | 0 | 59 | 28 | | |
| Réparations à la chapelle et achat de mobilier. . . . . . . . | 7,212 | 89 | ou | 0 | 37 | 33 | | |

| Dépenses ordinaires. | | | | | | | | |
|---|---|---|---|---|---|---|---|---|
| FRAIS NON PRODUCTIFS. | | | | | | | | |
| Employés, nourriture, vestiaire et entretien du mobilier, chauffage et éclairage, blanchissage, loyers, dépenses diverses des ateliers, des réfectoires, de la classe, des dortoirs, de la culture, de service médical, de service du greffe et instruction, etc. . . . . . . . . . . . . . . | 30,570 | 66 | ou | 1 | 58 | 20 | 4 | 38 |
| | 59,289 | 92 | | | | | | |
| Impression de circulaires, rapports, etc. . . . . . . . . . . | 912 | 94 | ou | 0 | 04 | 72 | | |
| Voyages pour obtenir les enfants. . . . . . . . . . . . . | 730 | 55 | ou | 0 | 03 | 79 | | |
| | 60,933 | 42 | ou | 3 | 15 | 33 | pour 2 ans. | |

| | | | Fr. | C. | M. | |
|---|---|---|---|---|---|---|
| Les dépenses ordinaires étant les seules qui doivent être portées au compte des enfants, il résulte du tableau ci-dessus que chaque enfant a dépensé par jour. . . . . . | | | 1 | 58 | 20 | |
| Dont il faut déduire le produit, qui est de. . . . . . . . . | | | 1 | 34 | 13 | |
| Perte par jour sur chaque. . . . . | | | 0 | 24 | 07 | |

PREUVE.

| | | | Fr. | C. | M. |
|---|---|---|---|---|---|
| Le 1er semestre de 1843 avec 12 enfants, la perte a été de. . | | | 2,164 | 01 | 26 |
| Le 2e — 22 — — | | | 1,822 | 59 | 02 |
| Le 1er — 1844 44 — — .. | | | 638 | 43 | 66 |
| Le 2e — 54 et 53 — — .. | | | 24 | 93 | 38 (*) |
| Total de la perte. . . . . . . . . | | | 4,649 | 97 | 32 | ou 0 24 07 par jour |

chaque enfant ; ce qui représente l'insuffisance de nos ressources ordinaires.

(*) 54, avec 54 et 53 enfants pendant le deuxième semestre de 1844, nous n'avons perdu que 24 fr. 93 c. 88 m., il est clairement démontré qu'avec nous pourrions couvrir nos frais.

**.fant. — 60 enfants sont entrés dans l'établisse-**
**.es et y compris le 31 décembre 1844, ce qui**

| | Fr. | C. | | Fr. | C. | M. | Fr. | C. | M. |
|---|---|---|---|---|---|---|---|---|---|
| . . . . . . | 10,050 | » | ou | 0 | 52 | 01 | | | |
| .rtoirs, | | | | | | | | | |
| .uande- | | | | | | | | | |
| .agasin | | | | | | | | | |
| . . . . . . | 11,456 | 37 | ou | 0 | 59 | 28 | | | |
| . . . . . . | 7,212 | 89 | ou | 0 | 37 | 33 | | | |
| .obilier, | | | | | | | | | |
| .épenses | | | | | | | | | |
| .e , des | | | | | | | | | |
| .service | | | | | | | | | |
| . . . . . . | 30,570 | 66 | ou | 1 | 58 | 20 | 1 | 58 | 20 |
| | 59,289 | 92 | | | | | | | |
| . . . . . . | 912 | 94 | ou | 0 | 04 | 72 | | | |
| . . . . . . | 730 | 55 | ou | 0 | 03 | 79 | | | |
| | 60,933 | 42 | ou | 3 | 15 | 33 | pour 2 ans. | | |

| | Fr. | C. | M. |
|---|---|---|---|
| .nt être | | | |
| .tableau | | | |
| . . . . . . | 1 | 58 | 20 |
| . . . . . . | 1 | 34 | 13 |
| . . . . . . | 0 | 24 | 07 |

# TABLEAU

ET COMPTE-RENDU

## DES RECETTES, DE LA DÉPENSE ET DES PERTES

DEPUIS LA FONDATION DE LA COLONIE JUSQUES ET Y COMPRIS
LE 31 DÉCEMBRE 1844.

( VOIR LE TABLEAU CI-JOINT. )

———————

Vous remarquerez, Messieurs, une diminution sensible dans notre perte; cette diminution est le résultat de l'accroissement du nombre des enfants dans l'établissement.

Nos prévisions de l'année dernière étaient qu'avec *quarante* enfants, la perte ne serait plus que de 0 fr. 37 c. par jour sur chacun; nous vous établissons qu'avec *cinquante-quatre* et *cinquante-trois* nous n'avons perdu que 0 fr. 24 c. 7 m.

Il est donc à désirer, pour l'existence de la Colonie, que le Gouvernement nous vienne en aide, non-seulement en augmentant le nombre des colons (¹), mais, avant tout, en donnant les fonds nécessaires

———————

( ) La proximité de la ville nous donne la facilité de voir tous les jours des chefs d'atelier qui se proposent de diriger eux-mêmes dans notre établissement depuis cinq jusqu'à quinze enfants, de leur enseigner des états rapportant au début de 1 fr. jusqu'à 1 fr. 50, et les mettant à même, à leur libération, de gagner de 3 à 4 fr. par jour.

3

pour construire un bâtiment semblable à celui qui existe et pouvant également contenir *soixante* enfants ( nous estimons la dépense de 8 à 10,000 fr. ).

Pour nous, Messieurs, nous vous avons prouvé que les obstacles de tout genre ne nous effrayaient pas; nous sentons bien que la tâche sera d'autant plus lourde, que le nombre des enfants sera plus considérable; mais, laissant de côté tout intérêt personnel, guidé et animé par le bien que nous pouvons faire, nous avons foi et espérance dans l'avenir. Nous avons rencontré trop de sympathies pour que le Gouvernement ne nous soutienne et ne nous encourage pas.

Le conseil-général, tout en reconnaissant les services que rend notre Colonie, a cru devoir se renfermer dans sa décision de l'année dernière. (Espérons mieux pour l'avenir !)

Le conseil municipal, s'associant à notre œuvre, nous a donné un témoignage de sympathie, en votant une somme de 400 fr. pour nous aider à payer un instituteur.

Nous devons également à l'appui de M. Desmichels, recteur de l'Académie, une somme de 300 fr., qui nous a été accordée par M. le ministre de l'instruction publique.

L'administration de la Banque nous a continué son allocation de 100 fr.

MM. les jurés, grâce au concours de MM. les présidents, nous ont quelquefois prêté leur appui.

La Société d'Agriculture, reconnaissant nos efforts

pour propager les meilleures méthodes et les instruments les plus utiles aux cultivateurs, nous a donné une somme de 150 fr. pour nous faciliter les moyens d'acheter un moulin à blé.

Nous avons reçu des paroles d'encouragement de la part de la Société d'Horticulture, qui a pu se convaincre que, depuis longues années, nous avons adopté les principes de la taille raisonnée des arbres à fruit, principes si bien démontrés et si bien exécutés par le savant et modeste professeur du Jardin Botanique (¹).

La garde nationale elle-même n'a pas voulu rester étrangère à notre institution, dont le but est de former des citoyens amis de l'ordre public.

Nous signalerons également à la reconnaissance de nos concitoyens le conseil municipal du Grand-Couronne, qui a voté une somme annuelle de 25 fr.

Puisse cet exemple trouver des imitateurs ! car il n'est peut-être pas une commune qui, faute de pareils établissements, n'ait à déplorer le malheur d'avoir vu traîner un de ses habitants dans les prisons, dans les bagnes, et quelquefois sur l'échafaud !

Pourquoi faut-il que nous ayons à vous cacher sous le voile de l'anonyme une de ces personnes que l'on trouve toujours partout où il y a un acte de bienfaisance à faire ?

Dans un siècle où les perfectionnements surgissent de toutes parts, où un grand nombre de sociétés

---

(¹) M. Dubreuil fils.

savantes accordent, pour l'amélioration des races
ovines, bovines et chevalines, de fortes primes d'encouragement; où d'autres décernent au cheval qui,
pour un moment, rivalise de vitesse avec la vapeur,
un prix qui suffirait à lui seul pour sauver **20** familles
du déshonneur et de la misère ; dans un siècle où
tous les esprits s'émeuvent à l'annonce d'une épi-
zootie qui menace les animaux, et où des hommes
généreux organisent une association pour le sauve-
tage physique de l'homme, dans ce siècle, ne se
trouverait-il pas des hommes assez amis de l'humanité
pour former des assurances morales contre les innom-
brables atteintes portées de nuit et de jour aux personnes et aux propriétés (¹)?

Nous vous avons prouvé, Messieurs, qu'une
œuvre qui a pour but d'obtenir l'amendement de
l'enfance par la conviction, et non par la force bru-
tale, est un résultat qui apporte un bénéfice réel à
la société; nous espérons que chacun voudra y con-
courir, et que ceux qui nous ont aidé nous soutien-
dront jusqu'au moment, qui n'est pas éloigné, où
nous pourrons vivre de nos propres ressources.

---

(¹) Nous vous rappellerons ces paroles d'un de nos anciens présidents,
M. Mesnard : « Si la génération actuelle se ressent de l'abandon où se
trouvèrent, à une autre époque, les enfants qui sont arrivés maintenant
à l'âge d'homme ; s'ils font durement expier à la société, par leur per-
versité, le peu de soin qu'elle prit de les arrêter de bonne heure sur le
penchant du crime, la génération qui vient sera plus favorisée, et
n'aura pas, du moins, à nous reprocher de n'avoir pas songé à l'amélioration et à l'avenir de cette jeunesse orpheline ou délaissée qui n'a rien
à attendre des enseignements de la famille. »

# LISTE GÉNÉRALE

DE

# SOUSCRIPTION

Depuis la fondation de la Colonie du Petit-Quevilly jusques et y compris
le 31 décembre 1844.

| | 1842. | 1843. | 1844. |
|---|---|---|---|
| S. M. la reine . . . . . . . . . | 200 | | |
| LL. AA. RR. M. le duc et M^me la duchesse d'Orléans.. . . . . . | 200 | | |
| Le ministre de l'instruction publique. . . . . . . . . . . . . | | | 300 |
| S. A. E. le prince de Croï, cardinal-archevêque de Rouen. . . | 300 | | |
| Le conseil-général du département . . . . . . . . . . . . | | 6000 | |
| Le conseil municipal de Rouen. . | | | 400 |
| Le conseil d'administration de la banque. . . . . . . . . . . | | 100 | 100 |
| La chambre des notaires de l'arrondissement de Rouen.. . . . . | 600 | | |
| La chambre des notaires de l'arrondissement de Neufchâtel. . | 100 | | |
| La chambre des notaires de l'arrondissement du Havre.. . . . | 200 | | |
| La compagnie des avoués de Neufchâtel . . . . . . . . . . | 50 | | |
| La communauté des huissiers de l'arrondissement de Rouen . . | 100 | | |

| | 1842. | 1843. | 1844. |
|---|---|---|---|
| La loge la Persévérance-Couronnée | 50 | | |
| Collecte des jurés . . . . . . . . | 104 | | 187 68 |
| La Société d'Agriculture. . . . . | | | 150 |

## A.

MM.

| | 1842. | 1843. | 1844. |
|---|---|---|---|
| Arnaudtizon, manufacturier à Ba-peaume. . . . . . . . . . . | 100 | | |
| Alexandre , pharmacien à Rouen. | 10 | | |
| Anglement , jardinier au Petit-Quevilly . . . . . . . . . . | 5 | | |
| Augé , idem , ibid. . . . . . . | 5 | | |
| Adkins, Hodouard et Corbran , fondeurs, ibid. . . . . . . . | 30 | | |
| Anfrye , boucher, ibid. . . . . . | 8 | | |
| Anfrye , commissionnaire de rou-lage à Rouen . . . . . . . . | 25 | | |
| Amaury, négociant , ibid. . . . | 20 | | |
| Adam fils , manufacturier, ibid. . | 50 | | |
| Audelin·Fossard, fabricant , ibid. | 5 | | |
| Aillaud ( Auguste ), commission-naire en rouenneries, ibid. . . | 10 | | |
| Alexandre, régisseur des théâtres, ibid. . . . . . . . . . . . . | 1 | | |
| Aumont (G.), ancien capitaine d'artillerie, ibid. . . . . . . | 25 | | |
| Angran (G.), à Darnétal. . . . . | 25 | | |
| Ansiaume (A.), ibid. . . . . . . | 5 | | |
| Ansoult (Paul), ibid. . . . . . . | 20 | | 50 |
| Adam , tailleur à Rouen. . . . . | 5 | | |
| Anonyme . . . . . . . . . . . . | 15 | | |
| Anonyme . . . . . . . . . . . . | 5 | | |
| Anquetil (R.), de Canouville. . . | 25 | | |
| Anquetil, de Venesville. . . . . | 10 | | |
| Angran, à Caudebec. . . . . . . | 20 | | |
| Anfray, ibid. . . . . . . . . . | 10 | | |
| Anonyme ( une demoiselle ). . . | 10 | | |
| Aubert , juge-de-paix à Saint-Valery-en-Caux. . . . . . . . | 10 | | |
| Andrieux (I.), à Doudeville. . | 5 | | |
| Auney, propriétaire à Rouen.. . | 10 | | |
| Asse , avocat, ibid. . . . . . . . | 15 | | |

| MM. | 1842. | 1843. | 1844. |
|---|---|---|---|
| Allain , propriétaire à Rouen . . | 20 | | |
| Annest aîné , à Sotteville. . . . | 5 | | |
| Annest ( Isidore ), ibid. . . . . | 5 | | |
| Aubourg , à Longueville.. . . . | 10 | | |
| Alexandre, propriétaire au Petit-Quevilly. . . . . . . . . . | 10 | | |
| A. ( M^{lle} ), anonyme , à Rouen. | 50 | | |
| Andrieux ( B. ), à Doudeville. . | 5 | | |
| Artus , propriétaire à Freneuse.. | | 1 | |
| Aubé ( produit d'une transaction ). . . . . . . . . . . | | 50 | |
| A... , anonyme . . . . . . . . | | | 25 |
| Aroux ( M^{me} ). . . . . . . . . | | | 40 |
| Anonyme. . . . . . . . . . . . | | | 250 |
| Angamare. . . . . . . . . . . | | | 10 |
| Anonyme. . . . . . . . . . . | | | 5 |
| Anonyme. . . . . . . . . . . | | | 5 |
| Anonymes (deux ). . . . . . . | | | 5 |
| Anonyme , par M^{me} la baronne Dupont-Delporte. . . . . . | | | 5 |

## B.

| | 1842. | 1843. | 1844. |
|---|---|---|---|
| Barbet (Henry), maire de Rouen. | 500 | | 150 |
| Blutel frères, dépôt de merceries, à Rouen. . . . . . . . . . | 25 | | |
| Bréard et Delinotte , marchands de vins à Beaune. . . . . . | 25 | | |
| Blanche, avocat-général à la cour royale de Rouen . . . . . . . | 50 | | |
| B. , docteur en médecine , à Rouen.. . . . . . . . . . . | 200 | | |
| Boursier, commissionnaire de roulage, ibid.. . . . . . . . . | 25 | | |
| Boulanger père , au Petit-Quevilly.. . . . . . . . . . | 10 | | |
| Bayart père , ibid. .. . . ... | 10 | | |
| Berthe fils , ibid. . . . . . . . | 5 | | |
| Baril ( veuve ), ibid. . . . . . | 5 | | |
| Bazile ( Louis ), ibid.. . . . . | 2 | | |
| Bellest ( Casimir ), ibid.. . . . | 100 | | |
| Bataille , épicier , ibid.. . . . . | 10 | | |

| MM. | 1842. | 1843. | 1844. |
|---|---|---|---|
| Boutigny, à Belbeuf.. . . . . . | 5 | | |
| Brouet, menuisier à Rouen.. . . | 2 | | |
| Besognet, serrurier, ibid. . . . . | 3 | | |
| Brière, commissionn. en rouen- | | | |
| neries, ibid .. . . . . . . . . , . | 2 | | |
| Burel, débitant au Petit-Quevilly. | 3 | | |
| Brismontiers, idem, ibid. . . . . | 3 | | |
| Blanche (Alfred), employé au | | | |
| ministère de l'intérieur. . . . | 20 | | |
| Barré neveu, docteur-médecin à | | | |
| Rouen.. . . . . . . . . . . . | 10 | | |
| Baudouin (Félix), propriétaire, | | | |
| ibid. . . . . . . . . . . . . | 40 | | |
| Baudouin (Albert), marchand de | | | |
| meubles, ibid. . . . . . . . . | 50 | | 10 |
| Boutigny jeune, propriétaire au | | | |
| Petit-Quevilly. . . . . . . . | 10 | | |
| Boudin père, docteur-médecin à | | | |
| Rouen . . . . . . . . . . . | 5 | | |
| Brunaux fils, rentier, ibid. . . . | 5 | | |
| Bachelet, avoué, ibid.. . . . . . | 25 | | |
| Baillet, idem, ibid.. . . . . . . | 10 | | |
| Bellanger fils aîné, fabricant. . . | 10 | | |
| Baudon, receveur-général du dé- | | | |
| partement.. . . . . . . . . . | 300 | | |
| Berat (Charles), fils aîné, rentier à | | | |
| Rouen.. . . . . . . . . . . . | 40 | | 25 |
| Baudouin (A.), président du co- | | | |
| mice agricole de Pavilly. . . . | 25 | | |
| Bellot (A.-G.), propriétaire à | | | |
| Rouen . . . . . . . . . . . . | 100 | | |
| Beauvais aîné, ibid.. . . . . . . | 100 | | |
| Bouvet-Rondel, négociant, ibid.. | 10 | | |
| Bourbon, fabricant, ibid. . . . . | 5 | | |
| Barker et Rowcliffe, fondeurs à | | | |
| Saint-Sever. . . . . . . . . . | 20 | | |
| Baudry (Charles) aîné, drapier à | | | |
| Rouen.. . . . . . . . . . . . | 55 | | |
| Bauquier et Duval, ibid. .. . . . | 10 | | |
| Bellenger (P.), marchand de co- | | | |
| tons, idem.. . . . . . . . . . | 5 | | |
| Baudry jeune, drapier, ibid.. . . | 5 | | |

| MM. | 1842. | 1843. | 1844. |
|---|---|---|---|
| Bottentuit-Guérin, marchannd de toiles, à Rouen. . . . . . . . | 3 | | |
| Buysschaërt ( J. ) , commissionnaire de rouenneries, ibid . . . . | 50 | | |
| Bouffet père et fils, à Darnétal. . | 20 | | |
| Bellenger-Moguet (F.), ibid. . . . | 10 | | |
| Bon-Bellanger, ibid . . . . . . . . | 5 | | |
| Bocage et Dézaubris, ibid. . . . . . | 10 | | |
| Bon fils, ibid . . . . . . . . . . . | 5 | | |
| Bourgeois, pharmacien, ibid. . . | 5 | | |
| Bouteiller-Closménil (S.), ibid . . . | 50 | | |
| Blot (Pierre), ibid . . . . . . . . . | 5 | | |
| Besnard (F.), ibid. . . . . . . . . | 25 | | |
| Brunet (Auguste), ibid. . . . . . | 2 | | |
| Boulanger, ibid . . . . . . . . . . | 10 | | |
| Blot (M<sup>lle</sup>), ibid . . . . . . . . . | 5 | | |
| Bruel aîné, ibid. . . . . . . . | 10 | | |
| Boulanger fils, maire de Saint-Léger. . . . . . . . . . . . . | 20 | | |
| Bailleul fils, ibid. . . . . . . . | 10 | | |
| Boursier aîné, à Saint-Sever. . | 5 | | |
| Becker, commis de rouenneries à Rouen. . . . . . . . . . . | | 2 | |
| Baussard, ibid. . . . . . . . | 10 | | |
| Besson, chef du 4e bataillon de la garde nationale de Rouen. . . | 25 | | |
| Baudouin (Ferdinand), à Rouen. | 5 | | |
| Briquet (F.), ibid. . . . . . . . | 10 | | |
| Blanchemain (G.), maire à La Chapelle-Saint-Ouen. . . . . | 10 | | |
| Binet, procureur du roi à Yvetot. | 15 | | |
| Bouic, juge-de-paix à Cany. . . | 10 | | |
| Beau, receveur d'enregistrement, ibid. . . . . . . . . . . . | 10 | | |
| Bernier (MM<sup>lles</sup>) sœurs, ibid. . | 4 | | |
| Bouilhet (M<sup>me</sup> J.), ibid. . . . . | 2 | | |
| Bouic (L.), à Malleville-les-Grès. | 5 | | |
| Bazire, notaire à Caudebec. . . | 10 | | |
| Baudry, idem, à Ourville. . . . | 10 | | |
| Burel, receveur d'enregistrement à Saint-Valery-en-Caux. . . . | 5 | | |
| Bidault (A.), huissier, ibid. . . | 3 | | |

| MM. | 1842. | 1843. | 1844. |
|---|---|---|---|
| Bornot (A.), maire à Valmont. . | 20 | | |
| Beau fils, pharmacien, ibid. . | 5 | | |
| Bichot (M<sup>lle</sup>), à Doudeville. . . | 10 | | |
| Briant (M<sup>lle</sup>), ibid. . . . . . | 1 | | |
| Brochereul, maire au Héron. . . | 10 | | |
| Bavent, propriétaire à St-Sever. | 5 | | |
| Bergasse (Alph.), avocat à Rouen. | 15 | | |
| Burel (L.), ibid. . . . . . . . | 15 | | |
| Brunel (A.), juge-de-paix à Sotteville. . . . . . . . . . . | 10 | | |
| Bertel, fabricant. . . . . . . . | 15 | | |
| Brière, membre du conseil municipal, ibid. . . . . . . . . | 10 | | |
| Bony, fabricant, ibid. . . . . | 10 | | |
| Brunel-Deleau, ibid. . . . . . | 10 | | |
| Boudin, filateur, ibid. . . . . | 20 | | |
| Bocquet (J.-B.), ibid. . . . . | 10 | | |
| Bedane, receveur d'enregistrement, ibid. . . . . . . . . | 10 | | |
| Blanchard, à Fontaine-le-Dun. . | 5 | | |
| Bailleul, ancien notaire à Yerville. . . . . . . . . . . | 5 | | |
| Bochet, notaire, ibid. . . . . | 10 | | |
| Biard (F.), ibid. . . . . . . . | 5 | | |
| Bouteleu (H.), teinturier à Darnétal. . . . . . . . . . . | 10 | | |
| Beauval, propriétaire à Longueville. . . . . . . . . . . | 5 | | |
| Buré, boulanger, ibid. . . . . | 2 | | |
| Bonne, à Fauville. . . . . . . | 5 | | |
| Babois-Maille, à Paris. . . . . | 100 | | |
| Baudouin frères, ibid. . . . . | 10 | | |
| Bretteville fils. . . . . . . . . | 50 | | |
| Bourdon (Mathieu), maire à Elbeuf. . . . . . . . . . . . | 15 | | |
| Bloc-Berger, à Franqueville. . . | 5 | | |
| Boucourt (R.), à Saint-Crespin. . | 1 | | |
| F. B., anonyme, à Rouen . . . | 25 | | |
| Bance (A.), ibid. . . . . . . . | 6 | | |
| Baron. . . . . . . . . . . . . | 20 | | |
| Biard, desservant à Thiergeville. | | 10 | |
| Bourdet à Freneuse. . . . . . . | | 50 | |

| MM. | 1842. | 1843. | 1844. |
|---|---|---|---|
| Boutard (G.) . . . . . . . . . . | | 5 | |
| Bickford (H ). . . . . . . . . | | 5 | |
| Batard. . . . . . . . . . . | | 3 90 | |
| Billard , aumônier. . . . . . | | | 105 |
| Bogenval , indemnité d'arbitrage. | | | 100 |
| Barrière , docteur – médecin à Rouen. . . . . . . . | | | 20 |
| B. . . . , anonyme . . . . . . . | | | 10 |
| Béchon, produit d'une loterie d'oiseaux. . . . . . . . | | | 60 |
| Billard ( veuve ). . . . . . . . | | | 5 |
| Boutin , souscription annuelle. . | | | 5 |
| B. . . . , anonyme . . . . . . . | | | 5 |
| Boucourt (Amédée ). . . . . . | | | 5 |
| Boursier. . . . . . . . . . . | | | 10 |

## C.

| | 1842. | 1843. | 1844. |
|---|---|---|---|
| Carpentier , à Rouen. . . . . . | 10 | | |
| Chéron , conseiller à la cour royale de Rouen. . . . . . | 200 | | 160 |
| Cocaigne , substitut du procureur du roi , ibid. . . . . . . | 25 | | |
| Calenge, maire et avocat au Petit-Quevilly. . . . . . . . | 10 | | |
| Chapron, boulanger , ibid. . . | 15 | | |
| Cordier , route de Caen. . . . | 5 | | |
| Cardine ( femme ), propriétaire aux Chartreux. . . . . . . | 5 | | |
| Coupé, menuisier, route de Caen . | 5 | | |
| Croisé ( A. ), commissionnaire de rouenneries à Rouen. . . . . | 25 | | |
| Chéron (M^me et M^lle ) , ibid. . . | 100 | | 140 |
| Cauchy, marchand de vins , ibid. | 15 | | |
| Clément , avoué à la cour royale de Rouen. . . . . . . . . | 25 | | |
| Cauboue , carrossier , ibidem. . . | 3 | | |
| Courtin, ibidem. . . . . . . . | 2 | | |
| Carrière , commissionnaire en rouenneries. . . . . . . , . . | 50 | | |
| Couturier , pharmacien à Saint-Sever. . . . . . . . . . . | 15 | | |

| MM. | 1842. | 1843. | 1844. |
|---|---|---|---|
| Coquerel , à Eauplet | 5 | | |
| Caron, avoué à Rouen | 30 | | |
| Collé , à Saint-Sever | 5 | | |
| Chesneau, lieutenant-colonel de la garde nationale de Rouen | 50 | | |
| Cousseau , propriétaire à Rosay . | 10 | | |
| Caire jeune , adjoint à Canteleu . | 10 | | |
| Curmer, membre du conseil général à Rouen | 100 | | |
| Cabanon père et fils, ibid. | 50 | | |
| Col et Lemercier, quincailliers , ibid. | 10 | | |
| Cécile , ibid. | 2 | | |
| Chevalier , ibid. | 10 | | |
| Canillon (A.), juge à Neufchâtel. | 15 | | |
| Colombel , maire à Gerponville . | 5 | | |
| Capron fils ainé, filateur à Rouen | 50 | | |
| Cuvelier , maire à Darnétal | 100 | | |
| Coissin , rentier, ibid. | 3 | | |
| Closmenil , ibid. | 20 | | |
| Cliquemois , contrôleur des contributions indirectes, ibid. | 5 | | |
| Cantel, entrepreneur, ibid. | 25 | | |
| Chouard, filateur, ibid. | 5 | | |
| Cliquet , farinier, ibid. | 5 | | |
| Conseil (F.), filateur, ibid. | 10 | | |
| Cauchie (M.) , ibid. | 10 | | |
| Calon , filateur, ibid. | 10 | | |
| Cau jeune, marchand de farines à Rouen | 5 | | |
| Cartier, à Saint-Sever, ibid. | 3 | | |
| Colombel , rentier , ibid. | 3 | | |
| Casset, ibid. | 25 | | |
| Chion (A.) jeune, charcutier, ibid. | 5 | | |
| Coureul (Mme veuve), à Caudebec | 20 | | |
| Coureul (Mlle Elisa), ibid. | 10 | | |
| Caron , tanneur à Caudebec. | 15 | | |
| Chalier, inspecteur des forets, ibid. | 10 | | |
| Cordonnier, à Saint-Valery. | 5 | | |
| Cacheleu (P.) fils , maire à Doudeville. | 10 | | |
| Collet (Mme V.), ibid. | 2 | | |

| MM. | 1842. | 1843. | 1844. |
|---|---|---|---|
| Cavé (M^lle Rose), à Doudeville . | 5 | | |
| Collet (H.) commerçant , ibid. . | 1 | | |
| Colombier, receveur à Sotteville. | 15 | | |
| Courage, ibid. . . . . . . | 5 | | |
| Capelle, ibid. . . . . . . . . | 5 | | |
| Caille (J.), cordonnier au Grand-Couronne . . . . . . . . . . | 3 | | |
| Caille (P.), aubergiste, ibid. . . . | 2 | | |
| Carpentier, à Fontaine-le-Dun. . | 10 | | |
| Crevel-Desmottes , propriétaire à Estoutteville, . . . . . . . | 15 | | |
| Catteville , entrepreneur à Longueville. . . . . . . . . . | 1 | | |
| Cauchois , maire au Catelier. . . . | 3 | | |
| Cauchois fils, cultivateur à Saint-Honoré. . . . . . . . . . . | 2 | | |
| Cavelier, idem , à Saint-Martin-l'Eglise . . . . . . . . . | 1 | | |
| Commieu , à Fauville . . . . . . | 4 | | |
| Capelle aîné , chef du 6^e bataillon de la garde nationale de Rouen. | 25 | | |
| Choiselat , commandant le dépôt de recrutement , ibid. . . . . | 12 | | |
| Conard-Chauvières . . . . . . . | | 4 39 | |
| Croizé , à Rouen. . . . . . . . . | 10 | | |
| Chaptois, doct.-méd. à Caudebec. | 5 | | |

## D.

| | | | |
|---|---|---|---|
| Delaporte (A.), commissionnaire en rouenneries, à Rouen. . . . | 100 | | |
| De Bruyckère , bottier, ibid.. . . | 15 | | |
| Delafosse (Auguste), négociant, ibid. . . . . . . . . . . . . | 100 | | |
| Delafosse frères, idem , ibid. . . | 50 | | |
| Derocque (F.), propriétaire, ibid. | 60 | | |
| Durieu, huissier, ibid. . . . . . | 10 | | |
| Delzeuzes (D.), médecin, ibid. . | 50 | | |
| Duhamel (H.), ibid. . . . . . . . | 100 | | |
| Dumur et Frémont, commissionnaires de rouenneries, ibid. . . | 50 | | |
| D'Osmoy, au Petit-Quevilly. . . | 50 | | 5 |

| MM. | 1842. | 1843. | 1844. |
|---|---|---|---|
| Delassaux, propriétaire. . . . . . | 5 | | |
| D'Osmoy d'Aptot, propriétaire et maire. . . . . . . . . . . | 50 | | |
| Dumont, menuisier au Petit-Quevilly. . . . . . . . . . . . | 10 | 4 | |
| Duclos, boucher, ibid. . . . . . | 15 | | |
| Delalonde, fabricant de plâtre, ibid. . . . . . . . . . . . | 5 | | |
| Desquinnemare, cordier, ibid. . | 15 | | |
| Desquinnemare (M^lle), ibid. . . | 5 | | |
| Durand-Delanef, propriétaire, ibid. . . . . . . . . . . . | 15 | | 5 |
| Duval (M^me), ibid. . . . . . . | 2 | | |
| Delacour, ibid. . . . . . . . . | 25 | | |
| Dubois, ibid. . . . . . . . . . | 3 | | |
| Degoy (M^me veuve), ibid. . . . | 5 | | |
| Delorme, propriétaire, ibid. . . | 40 | | |
| Darcel, colonel de la garde nationale de Rouen, membre du conseil-général. . . . . . . | 100 | | |
| De Courcelles, à Rouen. . . . | 10 | | |
| Delanos, ibid. . . . . . . . . | 20 | | |
| Dumoulin (A.), de Sotteville. . | 10 | | 85 |
| Delaistre, propriétaire à Rouen. | 50 | | 20 |
| D., anonyme. . . . . . . . . | 50 | | |
| Debarre, boulanger à Belbeuf. . | 2 | | |
| Danguy aîné. . . . . . . . . | 10 | | |
| Delécluse, substitut du procureur du roi. . . . . . . . . . . | 25 | | |
| Delassaux (J.), à Rouen. . . . | 25 | | |
| Duforestel (B. et N.), . . . . . | 10 | | |
| Deshayes (P.) aîné et jeune. . . | 50 | | |
| Dubosq-Lettré, à Rouen. . . . | 5 | | |
| Dumont aîné, ibid. . . . . . | 3 | | |
| Dupont, cultivateur au Petit-Quevilly. . . . . . . . . . | 5 | | |
| Deschamps, contrôleur de la Monnaie, ibid. . . . . . . | 15 | | |
| De Corval, rentier, ibid. . . . | 10 | | |
| Duparc, pharmacien, ibid. . . | 10 | | |
| D., anonyme. . . . . . . . . | 10 | | |
| Doré, avoué à Rouen. . . . . | 10 | | |

| MM. | 1842. | 1843. | 1844. |
|---|---|---|---|
| Duclos, fabricant, à Rouen. . . | 15 | | |
| Derocque fils ainé, ibid. . . . . | 30 | | |
| Deshayes (F.). cotons filés, ibid. . | 25 | | |
| Descamps (A.) et Faucon, ibid. | 100 | | |
| Dranguet, major de la garde na- | | | |
| tionale, ibid. . . . . . . . . | 10 | | |
| Deshayes, ibid. . . . . . . . . | 10 | | |
| Denize, chanoine de la Métropole. | 25 | | |
| De Bosmelet (Abel), propriétaire. | 100 | | 20 |
| Dumont, docteur – médecin à | | | |
| Saint-Sever. . . . . . . . . | 5 | | |
| Dumesnil et Bellanger, banquiers | | | |
| à Rouen. . . . . . . . . . . | 100 | | |
| Debons (P.), ibid. . . . . . . . | 25 | | |
| Duport (N.), marchand de vins, | | | |
| ibid. . . . . . . . . . . . | 10 | | |
| Dubos (Charles), ibid. . . . . . | 20 | | |
| D., anonyme, ibid. . . . . . . | 25 | | |
| Durand, ibid. . . . . . . . . | 2 | | |
| Debétaz (H.), coffretier, ibid. . | 20 | | |
| Descamps, ibid. . . . . . . . | 5 | | |
| Dallichamp, ibid. . . . . . . . | 5 | | |
| Delaruc, orfèvre, ibid. . . . . | 15 | | |
| Dupuis, ibid. . . . . . . . . | 3 | | |
| Dieusy (A ), ibid. . . . . . . | 100 | | |
| De Beaulieu, président du tribu- | | | |
| nal de Neufchâtel. . . . . . | 20 | | |
| Depallières, juge-suppléant, ibid. | 10 | | |
| Decaux, greffier en chef, ibid. . | 20 | | |
| De Loverdo, substitut, ibid. . . | 15 | | |
| Durand, Delaplanche et Cᵉ, ban- | | | |
| quiers à Rouen. . . . . . . | 25 | | |
| Dezauches, procureur du roi à | | | |
| Neufchâtel. . . . . . . . . | 20 | | |
| De Touslesmesnils, maire à Our- | | | |
| ville-la-Rivière. . . . . . . | 30 | | |
| D'Argent, propriétaire à Gerpon- | | | |
| ville. . . . . . . . . . . . | 5 | | |
| Dussaussey (A.), maire à Theu- | | | |
| ville-aux-Maillots. . . . . . | 10 | | |
| Doré, ex-huissier à Rouen. . . | 5 | | |
| Dardenne, au Mesnil-Esnard. . | 20 | | |

| MM. | 1842. | 1843. | 1844. |
|---|---|---|---|
| Dugard (Vᵉ), au Grand-Quevilly. | 25 | | |
| Delespaul, ibid. . . . . . . . | 10 | | |
| Durécu frères (G. et B.), de Dar-<br>nétal. . . . . . . . . . . . . | 100 | | |
| Delamare, ibid. . . . . . . . | 25 | | |
| Duval (J.), propriétaire, ibid.. . | 20 | | |
| Duboc, cabaretier, ibid . . . . | 3 | | |
| Dumont, filateur, ibid. . . . . | 5 | | |
| David (H.-D.), curé de Long-<br>paon . . . . . . . . . . . . | 5 | | |
| Demade, receveur d'enregistre-<br>ment, ibid. . . . . . . . . | 5 | | |
| Dérues, serrurier, ibid. . . . . | 10 | | |
| Dézaubris aîné, ibid. . . . . . | 10 | | |
| Dubosc frères, fabricants, ibid. . | 30 | | |
| Desvarieux, horloger à Rouen. . | 5 | | |
| Destin, vétérinaire, ibid. . . . | 2 | | |
| Dumaine, adjudant-major de la<br>garde nationale, ibid. . . . . | 5 | | |
| Delamare-Ricquier (Mᵐᵉ A.). . . | 15 | | |
| De la Châtre (M. le comte et Mᵐᵉ<br>la comtesse, née Montmorency) | 200 | | |
| Dhautuille, à Rouen. . . . . . | 25 | | |
| D., anonyme. . . . . . . . . | 5 | | |
| Duverger (A.), juge à Yvetot. . . | 10 | | |
| Dubuc, idem, ibid. . . . . . . | 5 | | |
| Delabrecque, à Cany. . . . . . | 2 | | |
| De Janville, maire à Palluel. . . | 25 | | |
| Desbois (E.), maire à Caudebec. | 10 | | |
| Desbois, ancien notaire, ibid. . | 10 | | |
| Deschamps, ancien juge-de-paix,<br>ibid. . . . . . . . . . . . . | 10 | | |
| De Kermel, sous-inspecteur des<br>forêts, ibid. . . . . . . . . | 10 | | |
| Drouet (E.), ibid. . . . . . . . | 10 | | |
| Dalmenesche, greffier de la jus-<br>tice-de-paix, ibid. . . . . . | 5 | | |
| Delalonde, receveur de l'hospice,<br>ibid. . . . . . . . . . . . . | 5 | | |
| Dorival, juge-de-paix à Ourville. | 15 | | |
| Desperrois, ancien notaire à Saint-<br>Valery-en-Caux. . . . . . . . | 5 | | |

| MM. | 1842. | 1843. | 1844. |
|---|---|---|---|
| De la Villeaufeure , à Saint-Va-lery-en-Caux . . . . . . . . | 1 | | |
| Delestre , à Valmont . . . . . . | 3 | | |
| Daon , suppléant du juge-de-paix à Doudeville. . . . . . | 3 | | |
| Durand , cafetier, ibid. . . . . . | 2 | | |
| Duglé (M^lle), ibid . . . . . . . | 10 | | |
| Daon le jeune, ibid. . . . . . | 5 | | |
| Duval, boucher à Rouen . . . . | 5 | | |
| Daviel, avocat, ibid. . . . . | 25 | | |
| Desseaux , idem , ibid. . . . . . | 25 | | |
| Deschamps, id., ibid., bâtonnier | 25 | 25 | |
| De Grébauval, idem , ibid. . . . | 10 | | |
| De Chalenge , idem , ibid. . . . | 5 | | |
| Davranche , idem , ibid. . . . . | 25 | | |
| Decorde ( A.), idem , ibid. . . | 10 | | |
| De Bonnechose, idem , ibid. . . | 5 | | |
| Deleau fils , filateur à Sotteville . | 5 | | |
| Darras, ibid. . . . . . . . . | 5 | | |
| Dupont, fabricant de savon, ibid. | 30 | | |
| Delamare ( J.), pharmacien, ibid. | 2 | | |
| Deshayes , adjoint au maire du Grand-Couronne . . . . . . | 10 | | |
| Duhamel, greffier de la justice-de-paix , ibid. . . . . . . . | 5 | | |
| De Boishébert ( M^lle), ibid. . . . | 20 | | |
| Deschamps (M^me veuve), ibid. . | 3 | | |
| Dumouchel ( T.), huissier à Fon-taine-le-Dun . . . . . . . . | 3 | | |
| De la Myre , maire à Yerville . . | 100 | | |
| Duchesne, juge-de-paix , ibid. . . | 10 | | |
| Dampierre , adjoint au maire , ibid. . . . . . . . . . . | 10 | | |
| Debonne (J.), à Crosville . . . . | 2 | | |
| Duhamel, maire à Saint-Aubin-sur-Mer . . . . . . . . . . | 5 | | |
| De Moy, propriétaire . . . . . . | 30 | | |
| Desbois, docteur-médecin-adjoint des prisons . . . . . . . . . | 10 | | |
| Dieusy fils , à Franqueville . . . | 25 | | |
| Dupont, ibid. . . . . . . . . | 10 | | |
| D'Imbleval , à Longueville . . . | 5 | | |

| MM. | 1842. | 1843. | 1844. |
|---|---|---|---|
| De Colombel, à Rouen | 30 | | |
| Delarue, capitaine en retraite, ibid. | 5 | | |
| Desmichels, recteur de l'académie de Rouen | 40 | | |
| Delannay, hôtel Vatel, ibid. | | 5 | |
| Dieusy, ibid. | | 25 | |
| De Saint-Léger, ingénieur des mines, ibid. | | 500 | |
| Duhamel, à Freneuse. | | | 50 |
| Decambos, ibid. | | 1 | |
| Delamare, maire, ibid. | | 5 | |
| Delesque, propriétaire à Neufchâtel. | | 10 | |
| Durand jeune, produit d'une expertise. | | 8 | |
| D., route de Caen. | | 5 | |
| Delahaye, président du Tribunal d'Yvetot. | | 25 | |
| Delamare, maire à Ymare. | | 25 | |
| Delahaye, chef d'institution. | 5 | | |
| Dreux, conseiller à la cour royale de Rouen. | | 25 | |
| D. D. anonyme, | | 15 | |
| De Boisgautier, propriétaire à Langres. | | 10 | |
| Deb. anonyme, | | 25 | |
| Dè Bosmelet (Mme veuve). | | | 10 |
| Dutuit, adjoint au maire de Rouen. | | | 150 |
| Duclos, jardinier-paysagiste | | | 15 |
| Daviron, marchand de bois à Rouen | | | 15 |
| Delestre, fabricant, ibid. | | | 5 |
| De Courcelles, de Paris. | | | 5 |
| Delanos (quête faite dans la 3e comp., 4e bataillon, de la garde nationale de Rouen | | | 58 75 |

### E.

| | | | |
|---|---|---|---|
| Etienne jeune. | 25 | | |
| Elie, pêcheur au Petit-Quevilly. | 5 | | |

| MM. | 1842. | 1843. | 1844. |
|---|---|---|---|
| Ernoult-Jottral , à Rouen. . . . | 30 | | |
| Engammare, à Darnétal. . . : . | 20 | | |
| Elie-Lefebvre, substitut du procureur du roi à Dieppe. . . . . . | 20 | | |
| Egasse , filateur à Sotteville.. . . | 10 | | |
| Etienne. . . . . . . . . . . . | 10 | | 10 |
| Ernult, résultat d'un arbitrage. . | 20 | | |
| Ernult , propriétaire. . . . . . | | | 10 |

### F.

| | | | |
|---|---|---|---|
| Fiquet (D.) , à Rouen. . . . . . | 25 | | |
| Foulc frères. . . . . . . . . . | 50 | | |
| Féret , tanneur à Canteleu. . . . | 5 | | |
| Fraleux , menuisier à Darnétal. | 10 | | |
| Fiquet (F.) rentier , ibid. . . . | 10 | | |
| Fabulet , grainetier, ibid. . . . | 3 | | |
| Fortier fils aîné , teinturier, ibid. | 5 | | |
| Fournier, idem , ibid. . . . . . | 15 | | |
| Frémont , tanneur , ibid. . . . | 5 | | |
| Fouquet , place Saint-Sever. . . | 5 | | |
| Février (A.) , substitut du procureur du roi à Yvetot. . . . . | 5 | | |
| Fouet , notaire à Cany. . . . . | 5 | | |
| Fouet (V.) aîné , ibid. . . . . | 5 | | |
| Férand , huissier à Saint-Valery. | 2 | | |
| Féron (L.) , maître de pension à Doudeville.. . . . . . . . . | 5 | | |
| Froudière , avocat à Rouen. . . | 5 | | |
| Fouré , membre du conseil municipal du Grand-Couronne. . | 5 | | |
| Ferey aîné , à Sotteville. . . . . | 10 | | |
| Fressard, pharmacien à Tôtes. . | 5 | 5 | |
| Foliot fils , du Petit-Quevilly. . . | 5 | | |
| Fry (Mistriss Elizabeth), de Upton , près Londres. . . . . . | 200 | | |
| Fleury (F.) , adjudant-major de la garde nationale de Rouen. | 20 | | |
| Florent, capitaine en retraite. . | 5 | | |
| Fréret , à Freneuse. . . . . . | | 1 | |
| Fortier le jeune , à Darnétal. . . | | 10 | |

| MM. | 1842. | 1843. | 1844. |
|---|---|---|---|
| Fourchon et ses deux enfants, portier chez M. le baron de Villers. | | | 1 50 |
| Filleul (E.), propriétaire à Rouen. | 20 | | |
| Férant, marchand de vins, ibid.. | 10 | | |
| Fauquet, (L.-L.), ibid. . . . . . | 50 | | |
| Floury (N.), ibid. . . . . . . . | 25 | | |
| Fauquet (Eugène), ibid.. . . . . | 25 | | |
| Fauquet-Lemaître. . . . . . . | 200 | | |
| Faucon, quincaillier à Saint-Sever | 10 | | |
| Frère (Ed.), libraire à Rouen. . | 15 | | |
| Fontaine, agréé, ibid. . . . . . | 50 | | |
| Ferry-Tallon. . . . . . . . . | 100 | | |
| Follin, notaire à Rouen. . . . . | 50 | | |
| Follin (V.), avocat. . . . . . | 25 | | |
| Fraleux, tailleur à Darnétal. . . | 5 | | |
| Fréné (E.), orfèvre à Rouen. . . | 5 | | |
| Faucillers (D.) jeune, huissier. . | 5 | | |
| Ferry, à Rouen.. . . . . . . . | 25 | | |
| F. Fiquet, à Fultot. . . . . . . | 5 | | |
| Frey du Fossé. . . . . . . . . | 40 | | 25 |

### G.

| | 1842. | 1843. | 1844. |
|---|---|---|---|
| Grout (P.), docteur-médecin à Rouen . . . . . . . . . . . . | 100 | | |
| Gautier frères, ibid. . . . . . | 15 | | |
| Grenet, cultivateur au Petit-Quevilly . . . . . . . . . . . . | 10 | | |
| Guenet (Alph.), débitant, ibid . | 2 | | |
| Goupil, chef du bureau militaire | 10 | | |
| Girard et Cᵉ, membre de la Société d'Emulation . . . . . | 300 | | |
| Grison, architecte. . . . . . . | 10 | | |
| Gunleck (N.). . . . . . . . . | 20 | | |
| Gamare, à Rouen. . . . . . . | 20 | | |
| Godquin, curé de Saint-Sever. . | 25 | | |
| Guy père, tailleur à Rouen . . . | 25 | | |
| Guy (Mˡˡᵉ Célina), ibid. . . . . | 5 | | |
| Guy fils, pour sa domestique, ibid. | 3 | | |
| Guy fils, pour ses ouvriers, ibid. | 18 50 | | |
| Génot jeune, commissaire de police, ibid. . . . . . . . . . | 10 | | |

| MM. | 1842. | 1843. | 1844. |
|---|---|---|---|
| Gautier ( Edmond ), avoué, ibid. | 25 | | |
| Gautier-Lamotte, idem, ibid.. . | 10 | | |
| Giguel, idem, ibid. . . . . . | 10 | | |
| Gaillard-Lemaître, à Monville . | 10 | | |
| Gaultier (A.), procureur-général à Rouen . . . . . . . . . | 50 | | |
| Génot, commissaire central, ibid. | 10 | | |
| Gilles, ibid. . . . . . . . . | 5 | | |
| Grouvel (A.), balancier, ibid. . . | 5 | | |
| Gambu, ibid. . . . . . . . . | 5 | | |
| Gouard, juge - d'instruction à Neufchâtel . . . . . . . . | 20 | | |
| Goumet, teinturier à Saint-Martin-du-Vivier . . . . . . . . | 10 | | |
| Grout, percepteur à Darnétal . . | 20 | | |
| Goujard, ibid. . . . . . . . . | 10 | | |
| Gobin, marchand de bois, ibid. | 20 | | |
| Goullé, fabricant, ibid. . . . . | 5 | | |
| Gouellain, quincaillier, ibid.. . | 5 | | |
| Godard, entrepreneur, ibid. . . | 5 | | |
| Guillot, boulanger, ibid. . . . | 20 | | |
| Gouel, à Rouen. . . . . . . . | 3 | | |
| Guillot, à La Chapelle St-Ouen. | 3 | | |
| Godefroy, procureur du roi à Dieppe . . . . . . . . , . . | 25 | | |
| Goupil (J.-L.), à Rouen. . . . . | 20 | | |
| Ganger, percepteur à Bosville . . | 5 | | |
| Gervais, suppléant du juge-de-paix de Caudebec . . , . . . | 20 | | |
| Guérin, notaire à Ourville. . . . | 10 | | |
| Gallemand, idem, à Saint-Valery | 10 | | |
| Godefroy, ibid. . . . . . . . . | 2 | | |
| Graindorge-Desdemaines, juge-de-paix à Valmont . . . . . . | 5 | | |
| Grenier, à Eletot. . . . . . . | 3 | | |
| Guilbert, juge-de-paix à Doudeville . . . . . . . . . . . . | 5 | | |
| Guilbert (A.), fabricant, ibid. . . | 5 | | |
| Guérillon, ex-notaire, ibid. . . | 5 | | |
| Guillotin-Chouquet, fabricant, ibid. . . . . . . . . . . . | 3 | | |
| Guilbert (J.), avocat, ibid.. . . | 5 | | |

| MM. | 1842. | 1843. | 1844. |
|---|---|---|---|
| Guiant, curé, ibid. . . . . . | 5 | | |
| Gompertz (A.), avocat à Rouen. | 10 | | |
| Gerbier, contre-maître à Sotte-ville . . . . . . . . . . . | 10 | | |
| Guyot, rentier, ibid. . . . . . | 10 | | |
| Gosselin, pharmacien, ibid. . . | 10 | | |
| Gilles jeune, ibid. . . . . . . | 5 | | |
| Guyot (Michel), ibid. . . . . . | 10 | | |
| Grandin (V.), député, à Elbeuf . | 240 | | |
| Giffard, notaire à Fontaine-le-Dun . . . . . . . . . . | 5 | | |
| Guérillon (A.), à Yerville . . . . | 10 | | |
| Gamelin, maire à Torcy-le-Grand | 3 | | |
| Gueroult, à Fauville . . . . . . | 5 | | |
| Gosselin, curé à Beuzeville-la-Guerard . . . . . . . . . . | 5 | | |
| Guesviller père, à Rouen . . . . | 10 | | |
| G. Ch., anonyme . . . . . . . | 2 | | |
| Godard, cultivateur à Lintot . . | 5 | | |
| Germonière, à Rouen . . . . . | | 100 | |
| Gouley, notaire honoraire . . . | 10 | | |
| Godefroy (M^{me}) . . . . . . . . | | | 20 |

## H.

| | 1842. | 1843. | 1844. |
|---|---|---|---|
| Hébert ( M^{me} veuve J.-B. ), de Rouen. . . . . . . . . . . | 100 | | |
| Heuzé (Ed.), ibid. . . . . . . | 50 | | |
| Havé (Parfait). . . . . . . . . | 25 | | |
| Huet fils aîné, au Petit-Quevilly. | 10 | | |
| Hergaut (J.), à Saint-Sever.. . . | 10 | | |
| Hazard fils, à Rouen. . . . . | 30 | | |
| Hébert (Ad.), avoué.. . . . . : . | 25 | | |
| Hébert (Ferdinand), docteur-mé-decin à Paris. . . . . . . . | 50 | | 10 |
| Hocédé, chef d'escadron. . . . . | 10 | | |
| Hellot-Vimard, à Rouen. . . . . | 20 | | |
| Hébert-Delahaye, avoué, ibid.. . | 10 | | |
| Hébert, doyen des notaires, ibid. | 50 | | |
| Harel fils, ibid. . . . : . . . . . | 50 | | |
| Harrington, île Lacroix, ibid. . | 10 | | |
| Huet (Jacques), de Fécamp. . . . | 100 | | |

| MM. | 1842. | 1843. | 1844. |
|---|---|---|---|
| Hérichon , de Rouen. . . . . . . | 5 | | |
| Haulon (E.), ibid. . . . . . . . | 200 | | 100 |
| Hébert (L.), ibid. . . . . . . . | 50 | | |
| Hilzinger, à Darnétal. . . . . . | 1 | | |
| Huet (E.), ibid. . . . . . . . | 10 | | |
| Hérubel , épicier, ibid. . . . . | 3 | | |
| Hébert (S.), ibid. . . . . . . . | 3 | | |
| Houdard (F.), à Rouen. . . . . | 20 | | |
| Hellouin , filateur à Cany - en-Caux . . . . . . . . . . | 5 | | |
| Huet (César), à Rouen. . . . . . | 10 | | |
| Homberg (T.), avocat, ibid. . . | 25 | | |
| H. (P.), de Sotteville. . . . . . | 10 | | |
| Huzard , à Fontaine-le-Dun . . . | 2 | | |
| Halley, ex-notaire à Yerville. . . | 5 | | |
| Hérondelle , docteur-médecin à Bourg-Achard. . . . . . . . | 10 | | |
| Hesnard (L.), à Blangy... . . . . | 5 | | |
| Hellot , à Freneuse . . . . . . . | | 75 | |
| Hédouin , ibid. . . . . . . . . | | 2 | |
| Hédé , rentier à Dieppe.. . . . . | | 2 | |
| Houdeville (Mme veuve), à Rouen. | | 50 | |
| Houel, avocat à Paris . . . . . . | | 10 | |
| Hiesse et Raimbert, commissaires d'un bal donné par les maîtres d'hôtel.. . . . . . . . . . | | | 200 |
| Hamelin , avocat, agent-général de la Société d'Adoption . . . | | | 5 |

### J.

| | 1842. | 1843. | 1844. |
|---|---|---|---|
| Jeulin , directeur des prisons de Rouen. . . . . . . . . . . . | 15 | | |
| Joly (P.), à Rouen. . . . . . . . . | 3 | | |
| Joly (E.), ibid. . . . . . . . . . | 3 | | |
| Jansen, docteur-médecin, ibid... | 5 | | |
| Jouen (Maxime), ibid. . . . . . . | 10 | | |
| Jourdain (P.), ibid. . . . . . . . | 5 | | |
| Jean Jacques, fabricant. . . . . . . | 1 | | |
| Jouanne, greffier de la justice-de-paix à Yerville. . . . . . . . . | 2 | | |
| Jacquelin , maire à Beuzeville-la-Guerard. . . . . . . . . . . . | 10 | | |

| MM. | 1842. | 1843. | 1844. |
|---|---|---|---|
| **L.** | | | |
| Lemasson (A.)............... | 250 | | |
| Lemoine (S.-H.), à Saint-Sever.. | 2 | | |
| Lefevre, imprimeur à Rouen... | 5 | | |
| Lebouteiller (Ed.), pharmacien, | | | |
| ibid............ ......... | 30 | | |
| Lepoittevin (Alfred), avocat, ibid. | 40 | | |
| Lemaistre, serrurier, ibid. .... | 20 | | |
| Lefort-Gonssollin, ibid........ | 100 | | 20 |
| Lemasson (Vᵉ), ibid. .......... | 250 | | |
| Lemasson (Achille), ibid. ..... | 250 | | |
| Lefebvre (Mᵐᵉ), ibid. ....... | 10 | | |
| Lenormand, banquier de la So- | | | |
| ciété, ibid. ............. | 50 | | |
| Lhonoré, au Petit-Quevilly..... | 5 | | |
| Letourneur (Mᵐᵉ Vᵉ), ibid. ... | 10 | | |
| Lasne (P ), adjoint, ibid. ..... | 20 | | |
| Leblond, charpentier, ibid. .. | 5 | | |
| Langlois, filateur, ibid. ...... | 15 | | |
| Leblond (J.), idem, ibid. .... | 10 | | |
| Lerat (Hospice), charron, ibid... | 10 | | |
| Lanne (Mˡˡᵉ C.), ibid. ....... | 5 | | |
| Leverdier (Ed.), à Rouen....... | 25 | | |
| Levavasseur (Charles), membre | | | |
| du conseil-général, député, | | | |
| ibid. ................|1,000 | | |
| Leseigneur (P.), ibid. ....... | 50 | | |
| Lormier (A.) neveu, ibid....... | 50 | | |
| Lepicard jeune............... | 25 | | |
| Lefort, de Belbeuf........... | 5 | | |
| Lestorey, docteur-médecin, chef | | | |
| de bataillon de la garde natio- | | | |
| nale de Caudebec.. ........ | 50 | | |
| Lecrêne-Labbey, imprimeur à | | | |
| Rouen.................... | 20 | | |
| Leleu, président du tribunal civil | | | |
| de Dieppe................. | 25 | | |
| Levieil (A.), tapissier........ | 2 | | |
| Lechevalier, serrurier........ | 3 | | |
| Lefoyer (G.), idem.......... ... | 2 | | |
| Lecœur, à Rouen............. | 5 | | |

| MM. | 1842. | 1843. | 1844. |
|---|---|---|---|
| Loudier, au Petit-Quevilly..... | 10 | | |
| Lequesne (Victor), ibid....... | 25 | | |
| Lejaulne (E)............... | 10 | | |
| Leroux (M^me), directrice des éco- | | | |
| les mutuelles............. | 10 | | |
| Langlois, à Saint-Sever....... | 10 | | |
| Le Ber (Aug.), avoué à Rouen.. | 25 | | |
| Lemonnier, idem, ibid........ | 10 | | |
| Lebrument, libraire à Rouen... | 10 | | |
| Levavasseur................ | 10 | | |
| Lengliné.................. | 15 | | |
| Leclerc, inspecteur de l'éclairage. | 5 | | |
| Lemaître (E.), à Rouen........ | 50 | | |
| Leprieur (P.), fabricant à Saint- | | | |
| Sever................... | 5 | | |
| Lemarchand (C.), marchand de | | | |
| liquides à Rouen.......... | 50 | | |
| Lecerf, brasseur, membre du con- | | | |
| seil municipal, ibid........ | 50 | | |
| Levieux (J.-J.), ibid......... | 5 | | |
| Léger (A.), ibid............. | 5 | | |
| Lemoine (Léon), ibid......... | 2 | | |
| Laurent-Chaveton, ibid....... | 10 | | |
| Lasalle (F.), ibid........... | 5 | | |
| Loyer, marchand de coton, ibid. | 30 | | |
| Lenormand, ibid............ | 5 | | |
| Leborgne, brasseur, ibid...... | 10 | | |
| Lecerf (D.), ibid...·........ | 20 | | |
| Legras, ibid............... | 15 | | |
| Leprevost, agréé, ibid........ | 10 | | |
| Littée, membre du conseil mu- | | | |
| nicipal de Dieppe.......... | 5 | | |
| Lemaître fils, serrurier à Saint- | | | |
| Sever................... | 5 | | |
| Lecouteulx aîné, à Rouen...... | 20 | | |
| Lesguilliez (A), pharmacien à Dar- | | | |
| nétal................... | 10 | | |
| Lefêvre (P.), teinturier, ibid.... | 25 | | |
| Louiset, ibid............... | 5 | | |
| Lefebvre (Martel), épicier, ibid.. | 10 | | |
| Léger, boulanger, ibid....... | 3 | | |
| Lefebvre, curé de Carville.. .. | 20 | | |

| MM. | 1842. | 1843. | 1844. |
|---|---|---|---|
| Léveillé, entrepreneur à Darné-tal. . . . . . . , . . . | 5 | | |
| Leplé, huissier, ibid. . . . . | 3 | | |
| Lefrançois, teinturier, ibid. . . | 5 | | |
| Levaillant, farinier, ibid. . . . | 10 | | |
| Levasseur, ibid. . . . . . . . | 5 | | |
| Lenormand, à Rouen. . . . . . | 10 | | |
| Leloutre, ibid. . . . . . . . | 3 | | |
| Langlois (E.), entrepreneur, ibid. | 5 | | |
| Lecœur, ibid. . . . . . . . . | 3 | | |
| Letellier, épicier, ibid. . . . | 3 | | |
| Lagneaux, boulanger à Saint-Sever. . . . . . . . . . . | 4 | | |
| Lefrançois ( M^me veuve ), au Grand-Quevilly. . . . . . . | 30 | | |
| Lemaître ( M^me veuve J. ), ibid. | 30 | | |
| Lafaulotte, à Rouen. . . . . . | 30 | | |
| Leconte le jeune, ibid, . . . . | 25 | | |
| Legros, ibid. . . . . . . . . | 10 | | |
| Leber, juge-de-paix à Yvetot. . | 10 | | |
| Lenud, juge d'instruction, ibid. | 5 | | |
| Leloutre ( Pierre ), à Cany. . . | 5 | | |
| Leplay, docteur-médecin, ibid. . | 5 | | |
| Leblé jeune, constructeur, ibid. | 5 | | |
| Legros, à Auberville-la Manuel. | 10 | | |
| Lecomte, maire à Venesville. . . | 3 | | |
| Ladvocat, banquier à Caudebec. | 10 | | |
| Levesque, propriétaire, ibid. . | 10 | | |
| Lesage, idem, ibid. . . . . . . | 10 | | |
| Lesannier, idem, ibid. . . . . | 10 | | |
| Leplay, idem, ibid. . . . . . . | 5 | | |
| Lasnon, idem, ibid. . . . . . . | 5 | | |
| Lhonoré, huissier, ibid. . . . | 5 | | |
| Lelièvre, greffier de la justice-de-paix à Ourville. . . . . . | 5 | | |
| Leplay fils, huissier à Valmont. . | 3 | | |
| Leplay (L.-T.), propriétaire, ibid. | 5 | | |
| Lépaulard ( A. ), notaire à Dou-deville.. . . . . . . . . . . | 20 | | |
| Lefebvre ( M^me veuve ), ibid. . . | 5 | | |
| Lucas ( P. ), ibid. . . . . . . . | 2 | | |
| Lemasurier, ibid. . . . . . . . | 1 | | |

| MM. | 1842. | 1843. | 1844. |
|---|---|---|---|
| Lelong , greffier , ibid. | 2 | | |
| Lambard , ibid. | 1 | | |
| Leborgne , organiste, ibid. | 1 | | |
| Lucas (F.) , ibid. | 5 | | |
| Lucas, receveur communal,ibid. | 1 | | |
| Leboullanger ( L.-S. ), à Mont-Saint-Aignan | 10 | | |
| Lescanne , pharmacien à Saint-Sever. | 25 | | |
| Lemarié, avocat à Rouen | 25 | | |
| Lys , idem , ibid. | 20 | | |
| Lecœur, idem, ibid. | 15 | | |
| Leverdier, idem , ibid. | 10 | | |
| Lamory, idem , ibid. | 5 | | |
| Lemoine , maire à Sotteville | 25 | | |
| Lesueur (M^me V^e), rentière, ibid. | 10 | | |
| Lecoffre , ibid. | 5 | | |
| Leroy, filateur, ibid. | 10 | | |
| Lefort , fabricant de tulles au Grand-Couronne. | 50 | | |
| Labarbe, maire à Fontaine-le-Dun | 5 | | |
| Lhernault , percepteur à Yerville. | 10 | | |
| Legras, notaire à Longueville | 5 | | |
| Langlois , notaire à Torcy-le-Grand | 5 | | |
| Lissonoiz, à Valmont. | 3 | | |
| Lemoine (M. et M^me), à Rouen | 10 | | |
| Lecomte, pharmacien, ibid. | 40 | | |
| Laffitte, député , à Paris | 300 | | |
| Lecointe aîné (M. et M^me), ibid. | 20 | | |
| Lelong (A.) neveu , à Sotteville. | 15 | | |
| Letellier (F.) | 5 | | |
| Leveau-Vallée | 25 | | |
| Lévy, chef d'institution | 10 | | |
| Ledier, membre du conseil-général. | 25 | | |
| Lancesseur, à Franqueville | 5 | | |
| Letellier, ibid. | 1 | | |
| Lehouois, ibid. | 5 | | |
| Leverdier, maire à Belmesnil. | 50 | | |
| L. T., anonyme | 70 | | |
| Lecat (J.), au Petit-Quevilly. | | 3 | |

| MM. | 1842. | 1843. | 1844. |
|---|---|---|---|
| L. B. . . . . . . . . . . . • . . . . . . . . . . . | | 10 | |
| L. B. . . . . . . . . . . . . . . . . . . . | | 10 | |
| Lefrançois , à Freneuse. . . . . . . . | | 2 | |
| Lesueur, ibid. . . . . . . . . . . . . . | | 75 | |
| Lebailleur, ibid. . . . . . . . . . . | | 1 50 | |
| Lesueur, ibid. . . . . . . . . . . . . | | 75 | |
| Lebouvier-Leboursier, à Rouen. | | 25 | |
| L. anonyme , à Elbeuf . . . . . | | 25 | |
| Lepicard , fabricant. . . . . . . | 3 | | |
| Lemonnier, aubergiste à Longue-ville . . . . . . . . . . . . . | | 10 | |
| Lemasson , produit d'une expertise faite par M. Lecointe. . . | | 10 | |
| Lefrançois, de Saint-Léger, près Darnétal . . . . . . . . . . . | | 10 | |
| Lemaître (Emile) , à Rouen . . . | | 20 | |
| Lavenue, propriétaire, ibid. . . . | | 100 | |
| Letellier, de Bapeaume. . . . . | | | 15 |
| L., anonyme. . . . . . . . . . . | | | 250 |
| L. B. , anonyme . . . . . . . | | | 10 |

## M.

| | 1842. | 1843. | 1844. |
|---|---|---|---|
| Méheust , cafetier à Dieppe . . . | 5 | | |
| Mascrier, étudiant en pharmacie. | 5 | | |
| Marion-Vallée , à Rouen . . . . | 125 | | |
| Marc (E.), prêtre . . . . . . . . | 10 | | |
| Monfray (A.) . . . . . . . . . . | 25 | | |
| Maille, propriétaire au Petit-Quevilly. . . . . . . . . . . . . | 10 | | |
| Mary , débitant, route de Caen . | 2 | | |
| Malétra et fils, ibid. . . . . . | 100 | | |
| Mulet, carrières des Chartreux . | 10 | | |
| Mallet , tambour-major au Petit-Quevilly . . . . . . . . . . | 5 | | |
| Malcouronne , ibid. . . . . . . . | 50 | | |
| Marion , à Rouen . . . . . . . | 10 | | |
| Marion (Louis), ibid. . . . . . . | 20 | | |
| Manchon frères . . . . . . . . . | 40 | | |
| Mérian (A.) . . . . . . . . . . . | 5 | | |
| Mauduit (Victor), secrétaire-général de la mairie. . . . . . . | 5 | | |

| MM. | 1842. | 1843. | 1844. |
|---|---|---|---|
| Monfray , route de Caen. , . . . | 3 | | |
| Mallet, peintre vitrier au Petit-Quevilly . . . . . . . . . . . | 5 | | |
| Martin (J.) et fils et Cᵉ. . . . . | 100 | | |
| Maze (L.), à Lescure . . . . . | 50 | | |
| Mercier (J.), capitaine de frégate en retraite , pour lui et sa famille . . . . . . . . . . . . | 10 | | |
| Malatiré (J.) . . ؛ . . . . . . | 5 | | |
| Morin , colonel d'état-major. . . | 20 | | |
| Maccartan , curé de Saint-Ouen . | 25 | | |
| Montlairy (E.) . . . . . . . . . | 20 | | 5 |
| Mamby (J.-L.), île Lacroix . . . | 30 | | |
| Manchon (L.), à Rouen. . . . . | 25 | | |
| M., anonyme . . . . . . . . . | 10 | | |
| Messier , à Rouen . . . . . . . | 10 | | |
| Mametz , tailleur , ibid. . . . . | 1 | | |
| Martin (A.), ibid . . . . . . . | 25 | | |
| Morin , ibid. . . . . . . . . . | 25 | | |
| Moncomble , docteur-médecin à Darnétal . . . . . . . . . . | 10 | | |
| Mabire, chaudronnier, ibid. . . | 5 | | |
| Mouchet (D.), ex-maire, ibid. . | 25 | | |
| Mordefroid , boulanger , ibid. . | 5 | | |
| Mauger-Boyard , à Rouen . . . . | 3 | | |
| Meyer, tailleur à Rouen . . . . . | 10 | | 10 |
| Mallet (Mᵐᵉ Vᵉ), propriétaire à Cany-en-Caux . . . . . . . . . . . | 10 | | |
| Martin, maître de pension de Caudebec . . . . . . . . . . . . . . | 5 | | |
| Merlin, notaire à Doudeville . . . . | 5 | | |
| Mengin (H.), avocat à Rouen . . . | 5 | | |
| Marcadé (V.), idem, ibid. . . . . | 10 | | |
| Maridor, idem, ibid. . . . . . . . | 5 | | |
| Mansire , épicier à Sotteville . . . . | 5 | | |
| Mary (Mᵐᵉ Vᵉ), idem , ibid. . . | 5 | | |
| Mullot (M.), cultivateur, ibid. . . | 10 | | |
| Martin, propriétaire au Grand-Couronne. . . . . . . . . . . . . . | 10 | | |
| Morisse, à Fauville . . . . . . . . . | 10 | | |
| Mainet, curé de Franquevillle . . | 5 | | |
| Mortier, au Puits-Martin . . . . . . | 1 | | |

| MM. | 1842. | 1843. | 1844. |
|---|---|---|---|
| Moiset de la Thibaudière....... | 5 | | |
| Mouchelet, commissionnaire en rouenneries............... | 50 | | |
| Magnier (Célestin)........... | | 25 | |
| Mallet, de Condé........... | | | 5 |
| Moreau (G.), marchand de coton. | 25 | | |

## N.

| | | | |
|---|---|---|---|
| Nicolle, jardinier au Petit-Que-villy........................ | 3 | | |
| Nolette, à Rouen............ | 30 | | |
| Nion, avoué................ | 10 | | |
| Normand (V.), à Saint-Sever... | 3 | | |
| Nibelle, à Rouen............ | 5 | | |
| Niel-Dontail, ibid......... | 5 | | |
| Niel (H.), serrurier à Maromme.. | 20 | | |
| Néel, propriétaire au Petit-Que-villy..................... | 10 | | |
| Néel, avocat à Rouen......... | 25 | | |
| Normand (J.), à Sotteville...... | 5 | | |
| Nourry-Vallée fils........... | | | 25 |
| Nicolle, à Fontaine-le-Dun.... | 3 | | |

## O.

| | | | |
|---|---|---|---|
| Omont, cultivateur au Petit Que-villy...................... | 10 | | |
| Olivier, à Rouen............. | 5 | | |
| Oursel, pharmacien, ibid. . . . | 10 | | |

## P.

| | | | |
|---|---|---|---|
| Prevost, pépiniériste au Boisguil-laume. . . . . . . . . . . . . | 5 | | |
| Pennetier (L.), à Rouen. . . . . | 10 | | |
| Pelay, ibid.. . . . . . . . . . . | 20 | | |
| Pluard-Lettré (M^me veuve), ibid. | 10 | | |
| Pelay (M^me veuve), ibid.. . . . . | 20 | | |
| Pouchet (P.-A.) et fils. . . . . . | 40 | | |
| Pipon. . . . . . . . . . . . . | 25 | | |
| Picard (P.), au Petit-Quevilly. . | 10 | | |
| Petit (Pierre), route de Caen. . . | 15 | | |

| MM. | 1842. | 1843. | 1844. |
|---|---|---|---|
| Prat (F.), membre du conseil-gé- néral.. . . . . . . . . . . | 200 | | 100 |
| Pelletier (S.), secrétaire en chef du parquet.. . . . . . . . | 6 | | |
| Poutz (P.), au Havre.. . . . . . | 100 | | |
| Pichon (C.), colonel d'état-major en retraite au Petit-Quevilly . | 15 | | |
| Petit (M<sup>me</sup>), du Pont-St-Pierre. . | 10 | | |
| Pernuit, chapelain de la maison de justice . . . . . . . . . | 10 | | |
| P. . . . . . . . . . . . . . | 50 | | |
| Pennetier, avoué à Rouen . . . . | 50 | | |
| Prier, idem, ibid. . . . . . . | 25 | | |
| Painboin, ibid. . . . . . . . | 5 | | |
| Pennetier père, ibid. . . . . | 20 | | |
| Paumier, président du consistoire à Rouen. . . . . . . . . . | 30 | | |
| Pimont (V.), à Montivilliers. . . | 5 | | |
| Ponthieux, à Rouen. . . . . . | 5 | | |
| P. (M<sup>me</sup>). . . . . . . . . . | 10 | | |
| Piednoël, juré à Saint-Valery- en-Caux. . . . . . . . . . | 35 | | |
| Piquerel jeune, à Canteleu. . . | 25 | | |
| Person, professeur de physique à Rouen . . . . . . . . . | 5 | | |
| Petit, perruquier à Darnétal.. . | 2 | | |
| Pascal, porte-drapeau du 2<sup>me</sup> ba- taillon de la garde nationale de Rouen. . . . . . . . , . . | 2 | | |
| Pain (A.), à Rouen . . . . . . | 5 | | |
| Pigache (veuve), bouchère, ibid. | 2 | | |
| Pouyer-Quertier (L.), ibid. . . . | 30 | | |
| Picquot-Deschamps, à St-Sever. | 25 | | |
| Pellerin, économe à Bicêtre . . | 10 | | |
| Pillon, cafetier à Rouen. . . . | 5 | | |
| Paté-Langlois, ibid. . . . . . | 1 | | |
| Pouyer-Pouyer, ibid. . . . . . | 10 | | |
| Poulain, curé de Caudebec . . . | 10 | | |
| Poisson père, ibid. . . . . . . | 20 | | |
| Paumier, notaire à Valmont . . | 5 | | |
| Portier, greffier de la justice-de- paix . . . . . . . . . . . | 3 | | |

| MM. | 1842. | 1843. | 1844. |
|---|---|---|---|
| Palfray, ancien huissier, ibid. . | 5 | | |
| Prion (M<sup>lle</sup>), rentière à Doude-ville . . . . . . . . . . . . . . | 5 | | |
| Passé, directeur de la poste aux lettres, ibid. . . . . . . . . | 3 | | |
| Payen, agréé au tribunal de com-merce, à Rouen . . . . . . . . . . . | 25 | | |
| Pellecat Deschamps, avocat, ibid. | 5 | | |
| P.-J. B., anonyme. . . . . . . | 3 | | |
| Paumier, instituteur communal à Sotteville. . . . . . . . . . . . . . . | 5 | | |
| Primout, marchand de liquides, ibid. . . . . . . . . . . . . . . | 10 | | |
| Pellerin, couvreur de rouleaux, ibid. . . . . . . . . . . . . . . | 3 | | |
| Prevost fils, membre du conseil municipal au Grand-Couronne | 5 | | |
| Prevost (veuve J.-B.), ibid. . . . | 3 | | |
| Prével) Nicolas), à Rouen . . . . . | 100 | | |
| Payelle, huissier à Fontaine-le-Dun . . . . . . . . . . . . . . | 2 | | |
| Pinchon, greffier de la justice-de-paix à Longueville . . . . . . | 2 | | |
| Petit, juge-de-paix à Fauville. . . | 5 | | |
| Périer, de Franqueville. . . . . . . | 2 | | |
| Potel, adjoint au maire, ibidem. | 10 | | |
| Produit d'une poule au Cercle de l'Union . . . . . . . . . . . . . . | 26 | | |
| Produit d'une amende pour con-travention envers la compagnie Pauwels et Visinet . . . . . . . . | 30 | | |
| Produit du tronc de la chapelle . | | 1 20 | |
| Idem, idem . . . . . . . . . . . . . | | 7 | |
| Idem, idem . . . . . . . . . . . . | | 1 40 | |
| Philippe, cafetier à Rouen . . . . | | 10 | |
| Papillon, pharmacien, ibid. . . . . | | 10 | |
| Prevel (Alexandre), rentier. . . . | 50 | | |
| Produit du tronc de la chapelle. | | 26 75 | |
| Idem, idem . . . . . . . . . . . . | | 38 50 | |
| Pécuchet, suppléant du juge-de-paix, à Yvetot . . . . . . . . . . . | 20 | | |
| Produit du tronc. . . . . . . . . . . | | 32 15 | 97 66 |

| MM. | 1842. | 1843. | 1844. |
|---|---|---|---|
| Produit de loteries........... | | | 402 |
| Produit de rapports.......... | | | 14 75 |

## Q.

| | | | |
|---|---|---|---|
| Quesnel (Ed.), à Rouen (1re et 2e souscriptions )........... | 150 | | |
| Quibel (P.)................. | 20 | | |
| Quesné (Henri)............... | 100 | | |
| Quesney (P.), avocat à Rouen.. | 15 | | |
| Quimbel, professeur d'écriture, ibid...................... | 10 | | |
| Quévremont (B.), ibid........ | 50 | | |
| Quesney (B.)................ | 10 | | |
| Quertier–Guibert, à Caudebec... | 20 | | |
| Querment (Mme), boulangère à Sotteville................. | 10 | | |
| Quesney, rentier, ibid......... | 15 | | |
| Quesnel, huissier au Grand-Couronne.................... | 5 | | |
| Quête dans une église........ | | 9 75 | |
| Quête à la chapelle........... | | | 13 25 |
| Quête à la chapelle le jour de la première communion....... | | | 532 15 |
| Quête, idem................ | | | 41 10 |

## R.

| | | | |
|---|---|---|---|
| Rodier, propriétaire à Rouen... | 25 | | |
| Rouland, procureur-général.... | 50 | | |
| Revel, propriétaire à Rouen.... | 50 | | |
| Rouget (Mme), au Petit-Quevilly. | 5 | | |
| Roustel (H.)................ | 50 | | |
| Ricquier, juge à Neufchâtel.... | 100 | | |
| Renaux aîné, chaudronnier.... | 2 | | |
| Rapp, courtier maritime...... | 25 | | |
| Rabel-Dupas, à Rouen........ | 20 | | |
| Roulland–Vallée, ibid......... | 1 | | |
| Rondeaux–Pouchet (Ed.)...... | 50 | | |
| Rebut, docteur-médecin à Darnétal.................... | 20 | | |
| Rioux (veuve), ibid.......... | 8 | | |

| MM. | 1842. | 1843. | 1844. |
|---|---|---|---|
| Renaux, chaudronnier, à Darnétal. | 3 | | |
| Renoult, filateur, ibid......... | 10 | | |
| Rameau, ibid............... | 5 | | |
| Roux (L.), à Saint-Sever...... | 1 | | |
| Ruaux (A.), à Rouen....... | 4 | | |
| Rimbert (S.), à Saint-Sever .. | 5 | | |
| Rabardy fils, ibid......... | 5 | | |
| Roquigny, maire de Cany.... | 20 | | |
| Roger, avocat à Rouen. ◦.... | 20 | | |
| Rousselin, idem, ibid....... | 10 | | |
| Ratiéville, curé à Sotteville ... | 20 | | |
| Rivette (P.), commandant de la garde nationale........ | 10 | | |
| Ransonnette, à Criquetot....... | 5 | | |
| Renault, à Freneuse......... | | 1 50 | |
| Rivette père, ibid............ | | 1 | |
| Rivette fils, ibid............. | | 1 | |
| Rée, desservant, ibid......... | | 3 | |

## S.

| | 1842. | 1843. | 1844. |
|---|---|---|---|
| Saint-Martin, à Rouen....... | 30 | | |
| Saint-Martin, ibid........... | 5 | | |
| Strœhlin (F )........... | 20 | | |
| Simonin, maire à la Poterie... | 50 | | |
| Siroy (Zoé), au Petit-Quevilly.. | 5 | | |
| Simon, papetier à Rouen...... | 10 | 5 | |
| Sautelet (Victor), ibid...... | 100 | | |
| Saudegrain................ | 2 | | |
| Scott (E.-S.), à Saint-Sever.... | 50 | | |
| Savoye, à Rouen.......... | 2 | | |
| Sosson, ibid............. | 20 | | |
| Solichon................ | 5 | | |
| Spork, filateur à Darnétal. ... | 25 | | |
| Sément jeune, ibid......... | 5 | | |
| Saint-Requier (Mme), à Saint-Martin-aux-Buneaux....... | 25 | | |
| Saint-Requier, notaire à Valmont. | 5 | | |
| Simon-Lefebvre, à Doudeville.. | 10 | | |
| Sauger, maire à Dénestanville.. | 3 | | |
| Senard, avocat à Rouen..... | 100 | | 37 50 |
| Simonin (E.) idem, ibid...... | 5 | | |

| MM. | 1842. | 1843. | 1844. |
|---|---|---|---|
| Sement, épurateur d'huile à Sotteville. . . . . . . . . . . . | 25 | | |
| Sautin aîné, filateur, ibid.. . . . . | 10 | | |
| Sanson, adjoint au maire, ibid. . | 25 | | |
| Sarsillière, à Fontaine-le-Dun. | 2 | | |
| Sauger fils, à Lintot. . . . . . . | 1 | | |
| Sannier (S.), à Saint-Crespin. . . | 2 | | |
| Sautelet (M^me veuve), à Rouen. . | | 30 | |
| Savoye (M^me) ibid. . . . . . . . | | | 5 |
| Sanson-Sire (F.). . . . . . . . . | 6 | | |

## T.

| | 1842. | 1843. | 1844. |
|---|---|---|---|
| Thoumas-Lachassagne. . . . . . . . | 5 | | |
| Thoumas-Lachassagne (M^me V^e). | 10 | | |
| Troussel, propriétaire au Petit-Quevilly. . . . . . . . . . . . . . . . | 20 | | |
| Troussel (F.), marchand de vins à Rouen. . . . . . . . . . . . . . . . | 20 | | |
| Thillais, ibid. . . . . . . . . . . . . | 20 | | |
| Tribout (E.), contre-maître employé à la Colonie. . . . . . . . . | 3 | | |
| Touzé, à Rouen. . . . . . . . . . . | 15 | | |
| Tribout (Ed.), ibid. . . . . . . . . | 10 | | |
| Tinard père, propriétaire. . . . . . | 25 | | |
| Tinard fils, idem. . . . . . . . . . . | 10 | | |
| Thévenin (P.-A.), juge au Tribunal de commerce. . . . . . . . . | 100 | 50 | |
| Turpin (A.), à Rouen. . . . . . . . | 10 | | |
| Turbet, ibid. . . . . . . . . . . . . . | 5 | | |
| Thomas fils aîné. . . . . . . . . . . | 10 | | |
| Truplin aîné. . . . . . . . . . . . . . | 25 | | |
| Turgis frères, à Darnétal. . . . . . | 30 | | |
| Tabouret-Lefebvre, ibid. . . . . . . | 5 | | |
| T. (M^me). . . . . . . . . . . . . . . | 5 | | |
| Tavache (F.), juge-de-paix à Caudebec. . . . . . . . . . . . . . | 10 | | |
| Touzé (S.), propriétaire à La Mailleraie. . . . . . . . . . . . . . | 10 | | |
| Templier, huissier à Ourville. . . | 1 | | |
| Tronel-Guilbert, à Doudeville. . | 3 | | |

| MM. | 1842. | 1843. | 1844. |
|---|---|---|---|
| Taillet, doyen des avocats de Rouen.................. | 25 | | |
| Thinon, avocat, ibid.......... | 25 | | |
| Thieursin, idem, ibid......... | 5 | | |
| Tillaux, juge-de-paix à Fontaine-le-Dun.................. | 10 | | |
| Tranchard, idem, à Longueville.. | 10 | | |
| Thillais, huissier, ibid.......... | 2 | | |
| Tougard, président de la Société d'Horticulture ............. | 25 | | |
| Tassel, négociant à Rouen, rue de Crosne.................. | | 100 | |
| T., anonyme............... | | 20 | 20 |

## V.

| | | | |
|---|---|---|---|
| Vitrac, cafetier.......... | 5 | | |
| Vidal, commissionnaire en rouenneries............. | 30 | | |
| Visinet, directeur du gaz, membre de la commission des prisons . . ....... | 50 | | |
| Vallée (M$^{me}$ veuve)...... | 125 | | |
| Vincent (M.)......... | 50 | | |
| Vallois (M$^{me}$ et M$^{lle}$), au Petit-Quevilly......... | 20 | | |
| Vinay, charpentier, ibid. ... | 15 | | |
| Villiers (L.-J. de)....... | 10 | | |
| Vasselin, à Rouen....... | 2 | | |
| Valeux (J.).......... | 5 | | |
| Voinchet (H.), avoué..... | 20 | | |
| Victorini, directeur du gaz, île Lacroix ............... | 10 | | |
| Vivefoy, docteur-médecin..... | 5 | | |
| Vallée fils, filateur.......... | 20 | | |
| Verrier (E.), vice-président du tribunal civil.............. | 20 | | 5 |
| Visinet (E.), chirurgien-dentiste. | 15 | | |
| Vaubertrand (J.), à Rouen..... | 10 | | |
| Valentin (A.), ex-capitaine d'artillerie, à Belbeuf.......... | 25 | | |
| Vigreux, au Petit-Quevilly..... | 5 | | |

| MM. | 1842. | 1843. | 1844. |
|---|---|---|---|
| Vilain , filateur à Darnétal..... | 25 | | |
| Vallery , ibid.............. | 10 | | |
| Véron , interne à Saint-Yon.... | 5 | | |
| Virvaux , teinturier à Darnétal.. | 10 | | |
| Valmont, pharmacien à Caudebec | 5 | | |
| Vallée (P.), notaire à Valmont... | 5 | | |
| Voiement , vicaire à Doudeville. | 3 | | |
| Vingtrinier , docteur-médecin en chef des prisons........... | 25 | | |
| Vanier, avocat à Rouen....... | 25 | | |
| Vieillot (L.-A.), à Quatremare.. | 25 | | |
| Vallée (Ch.-A.), à Sotteville.... | 5 | | |
| Vallée (L.), au Grand-Couronne. | 5 | | |
| Vasse , docteur-médecin à Fontaine-le-Dun............. | 5 | | |
| Vatel (A.), commerçant au Bois-Robert.............. | 3 | | |
| V., anonyme............... | 15 | | |
| Vallery, homme de loi à Rouen.. | 20 | | |
| Vaussard , à Bondeville..... | 50 | | |
| Vasse, pâtissier.......... | | 5 | |
| Vimard (P.), à Rouen...... | 50 | | |
| Vernier, bourrelier, à Saint-Sever............. | | | 7 |

## Y.

| | | | |
|---|---|---|---|
| Yger, notaire honoraire à Cany-en-Caux............. | 5 | | |
| Yon, orfèvre à Rouen...... | 5 | | |

—o—

## DONS EN NATURE.

De M. Perruche, lithographie du livre des souscripteurs.
De M. Malcouronne , 200 litres de pommes de terre.
De M. Pamart , trente paires de bretelles.
De M. ....., don d'un autel en chêne.
De M. ....., don du parquet du sanctuaire de la chapelle.

De M. Capron, soixante paires de bretelles.

De M. Paulin, reliure d'un missel.

De MM. Pauwels et Visinet, quarante hectolitres de charbon de terre.

De M. Esnault, graveur, treize médailles en cuivre.

De M. Delassaux, plusieurs voyages de fumier.

De M. Béchon, perruquier-coiffeur, rue Tous-Vents, faubourg Saint-Sever, la coupe gratuite des cheveux de tous les enfants de la Colonie.

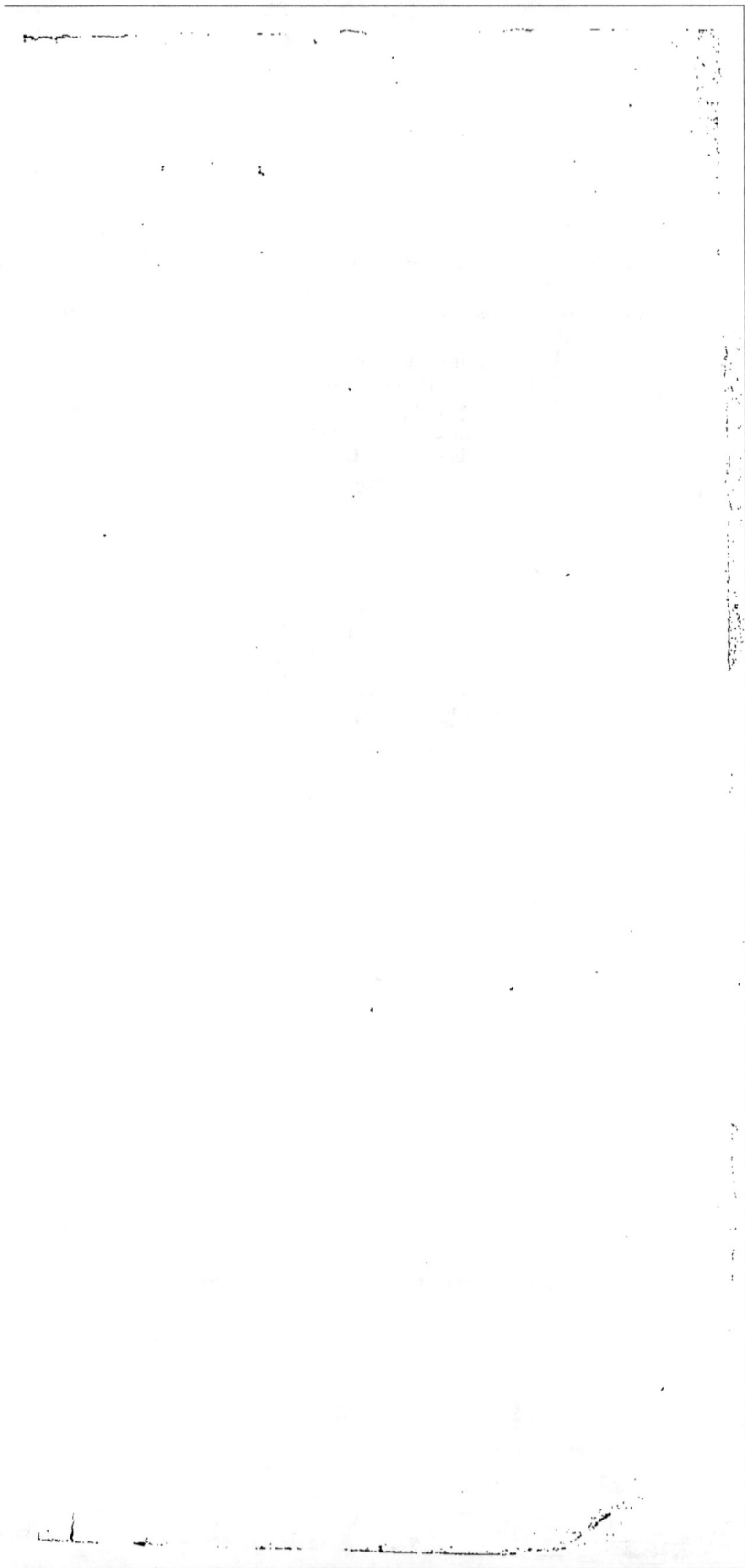

www.ingramcontent.com/pod-product-compliance
Lightning Source LLC
Chambersburg PA
CBHW030929220326
41521CB00039B/1687